普通高等教育艺术设计类新形态教材

软装陈设设计

SOFT FURNISHINGS AND DISPLAY DESIGN

陈 雪 **主 编**
吴一源　吴泽浩　**副主编**

中国轻工业出版社

图书在版编目（CIP）数据

软装陈设设计 / 陈雪主编；吴一源，吴泽浩副主编.
北京：中国轻工业出版社，2025.3. --ISBN 978-7
-5184-5445-7

Ⅰ.TU238.2

中国国家版本馆CIP数据核字第2025K8U703号

责任编辑：李　争　　　　责任终审：李建华　　　设计制作：锋尚设计
策划编辑：王　淳　李　争　责任校对：朱　慧　朱燕春　责任监印：张京华

出版发行：中国轻工业出版社（北京鲁谷东街5号，邮编：100040）
印　　刷：天津裕同印刷有限公司
经　　销：各地新华书店
版　　次：2025年3月第1版第1次印刷
开　　本：870×1140　1/16　印张：8.75
字　　数：216千字
书　　号：ISBN 978-7-5184-5445-7　定价：58.00元
邮购电话：010-85119873
发行电话：010-85119832　010-85119912
网　　址：http://www.chlip.com.cn
Email：club@chlip.com.cn
版权所有　侵权必究
如发现图书残缺请与我社邮购联系调换
241468J1X101ZBW

前言 PREFACE

习近平总书记在党的二十大报告中指出："必须坚持在发展中保障和改善民生，鼓励共同奋斗创造美好生活，不断实现人民对美好生活的向往。"

人民群众对美好生活的向往日趋多元化、个性化、品质化，对人居环境的要求也随之提高。对居住条件诉求从追求"有住的""住得好"向追求"住得有品质"转变。新的趋势催生出新的设计风格、理念，人性化、个性化都是空间环境可持续发展的重要条件。软装陈设设计师兼具空间家居搭配的职责，需了解营造环境基础的内容，从整体风格、软装搭配到整体气氛烘托，以"变化的设计理念"实现软装设计对空间发展的诉求。

现代软装和陈设市场广阔，已逐渐成为建筑和环境设计中必不可少的一部分。随着人们对生活品质的追求，软装陈设设计的重要性也日益突显。在未来，它们将成为环境设计的关键元素，融入人们的日常生活。

软装与硬装是室内设计的两大支柱。尽管有些人认为两者差别不大，但实际上它们有着明确的区分。硬装主要指传统的室内装修，如拆除旧墙、布设管线、安装吊顶、涂刷涂料等施工活动，以及打造固定、不可移动的结构物，如地板、天花板、墙面以及门窗等。简而言之，硬装是那些难以更改或更新的永久性结构。相较之下，软装是指可以移动、易于更换的陈设物品，如窗帘、沙发、抱枕、壁挂、地毯、床上用品、灯具等，以及装饰艺术品、绿植等。软装设计是对环境空间的二次设计与布置，侧重于美学提升，彰显个性与风格。软装设计以"人"为核心，巧妙地将家具、灯具、布艺、花艺等元素融为一体，创造出符合美学的空间环境。

在当今环境设计中，软装越来越受重视。软装设计已经成为一种独立且充满活力的艺术形式。甚至在某些环境空间装饰中，软装饰的造价已经超过硬装修。这表明，软装已经成为环境设计的重要组成部分，而"轻装修、重装饰"已成为业界主流趋势。

软装陈设设计在室内设计中占据举足轻重的地位。它不仅是为了美观，更是为了满足主人的需求和品味。通过合理的软装设计，我们可以打造出一个温馨、舒适、富有个性的空间环境，让人感受到生活的美好与幸福。因此，在室内设计中，软装陈设设计是不可或缺的一环。

本书将引导读者掌握陈设与

软装设计的基本方法,培养审美能力和思维方式。通过学习,读者将学会针对不同风格的室内空间进行合理的软装饰摆放和设计。本书采用教案式课堂教学模式编排,并设计了课后练习,便于读者深入学习和巩固知识。本书在编写中得到多位同事、同学的支持,感谢他们为此书提供素材、图片等资料。

本书在编写过程中参考了相关的文献资料,谨在此向作者致以由衷的感谢。由于时间仓促,内容或有疏漏和不足,敬请广大读者批评指正。

编者
于鲁迅美术学院大连校区

目录 CONTENTS

第1章　软装陈设设计概述

1.1　软装陈设设计概念⋯⋯⋯⋯⋯⋯⋯⋯001
 1.1.1　什么是软装设计⋯⋯⋯⋯⋯⋯002
 1.1.2　什么是陈设设计⋯⋯⋯⋯⋯⋯002
 1.1.3　软装陈设设计作用⋯⋯⋯⋯⋯004
1.2　软装陈设市场发展⋯⋯⋯⋯⋯⋯⋯⋯007
 1.2.1　发展背景⋯⋯⋯⋯⋯⋯⋯⋯⋯008
 1.2.2　当今状况⋯⋯⋯⋯⋯⋯⋯⋯⋯009
 1.2.3　未来趋势⋯⋯⋯⋯⋯⋯⋯⋯⋯010
1.3　软装陈设品分类⋯⋯⋯⋯⋯⋯⋯⋯⋯012
 1.3.1　按材料分类⋯⋯⋯⋯⋯⋯⋯⋯012
 1.3.2　按功能分类⋯⋯⋯⋯⋯⋯⋯⋯014
 1.3.3　按价值分类⋯⋯⋯⋯⋯⋯⋯⋯015
 1.3.4　按摆放位置分类⋯⋯⋯⋯⋯⋯016
课后练习⋯⋯⋯⋯⋯⋯⋯⋯⋯⋯⋯⋯⋯⋯⋯017

第2章　设计师与设计过程

2.1　设计师⋯⋯⋯⋯⋯⋯⋯⋯⋯⋯⋯⋯⋯018
 2.1.1　设计师应具备的能力⋯⋯⋯⋯019
 2.1.2　设计师应具备的素质⋯⋯⋯⋯019
2.2　设计原则⋯⋯⋯⋯⋯⋯⋯⋯⋯⋯⋯⋯022
 2.2.1　定好风格与规划⋯⋯⋯⋯⋯⋯022

2.2.2	比例完善	023	3.2.2 床垫	037

2.2.2 比例完善 023
2.2.3 节奏适当 023
2.2.4 多样配置 024
2.3 设计流程 026
  2.3.1 前期准备 026
  2.3.2 中期配置 027
  2.3.3 后期服务 028
课后练习 029

第3章　家具陈设设计

3.1 客厅 030
  3.1.1 电视柜 031
  3.1.2 沙发 032
  3.1.3 茶几 034
3.2 卧室 036
  3.2.1 床架 036

3.2.2 床垫 037
3.2.3 床头柜 038
3.2.4 衣柜 038
3.2.5 梳妆台 039
3.3 厨房 040
  3.3.1 古典风格 041
  3.3.2 乡村风格 041
  3.3.3 现代风格 041
  3.3.4 前卫风格 042
  3.3.5 实用主义 042
3.4 餐厅 043
  3.4.1 餐桌椅 043
  3.4.2 装饰酒柜 043
3.5 书房 044
  3.5.1 写字台 044
  3.5.2 书架 044
3.6 玄关 045
  3.6.1 鞋柜 045
  3.6.2 长凳 046
3.7 儿童房 047
  3.7.1 床 047
  3.7.2 书桌 048
3.8 卫生间 050
  3.8.1 浴缸和淋浴房 050
  3.8.2 洗脸盆 050
  3.8.3 坐便器 051
3.9 户外家具 052
  3.9.1 永久固定型家具 052
  3.9.2 可移动型家具 053
  3.9.3 可携带型家具 053
课后练习 054

第4章　布艺软装设计

4.1 窗帘 055
  4.1.1 窗帘的种类 056

	4.5.1 根据设计风格搭配	066
4.5.2 根据用餐场合搭配	067
4.5.3 根据色彩运用搭配	067
4.5.4 根据餐桌形状搭配	068
课后练习 069

第5章 装饰艺术品与灯饰设计

5.1 书画 070
    5.1.1 书法作品 070
    5.1.2 装饰画 071
5.2 花艺 072
    5.2.1 花艺的装饰作用 072
    5.2.2 花艺布置重点 073
    5.2.3 花器选用 075
5.3 器皿摆件 077
    5.3.1 厨房餐具 077
    5.3.2 装饰摆件 078
    5.3.3 装饰艺术品布置原则 078
5.4 灯饰 081
    5.4.1 不同造型的灯 081
    5.4.2 不同材料的灯 085
    5.4.3 多种搭配的灯 085
课后练习 087

    4.1.2 窗帘的色彩 056
    4.1.3 窗帘的面料 058
    4.1.4 窗帘的图案与大小 058
4.2 抱枕 059
    4.2.1 形状类型 059
    4.2.2 摆放原则 060
4.3 床品 062
    4.3.1 床罩 062
    4.3.2 床单 062
    4.3.3 被面与被套 063
    4.3.4 枕套与枕芯 063
4.4 地毯 064
    4.4.1 手工编织地毯 064
    4.4.2 手工枪刺胶背地毯 064
    4.4.3 机制地毯 065
4.5 餐桌布 066

第6章 软装陈设色彩设计

6.1 色彩设计初步 088
    6.1.1 色彩属性 088
    6.1.2 色彩的角色 090
    6.1.3 色彩的寓意 091
6.2 色彩的合理运用 094
    6.2.1 色彩组合 094
    6.2.2 色彩搭配运用方法 097
课后练习 100

第7章　软装陈设风格设计

7.1 新中式风格 ·· 101
　7.1.1　设计手法 ·· 101
　7.1.2　常用元素 ·· 102
7.2 地中海风格 ·· 105
　7.2.1　设计手法 ·· 105
　7.2.2　常用元素 ·· 105
7.3 东南亚风格 ·· 108
　7.3.1　设计手法 ·· 108
　7.3.2　常用元素 ·· 108
7.4 欧式风格 ·· 110
　7.4.1　设计手法 ·· 110
　7.4.2　常用元素 ·· 111
7.5 日式风格 ·· 112
　7.5.1　设计手法 ·· 112
　7.5.2　常用元素 ·· 113
7.6 田园风格 ·· 114
　7.6.1　设计手法 ·· 114
　7.6.2　常用元素 ·· 114
7.7 新古典主义风格 ·· 116
　7.7.1　设计手法 ·· 116
　7.7.2　常用元素 ·· 116
7.8 现代简约风格 ··· 118
　7.8.1　设计手法 ·· 118
　7.8.2　常用元素 ·· 119
课后练习 ·· 123

第8章　软装陈设设计案例

8.1 家居空间 ·· 124
8.2 办公空间 ·· 126
8.3 休闲娱乐空间 ··· 128
8.4 商业空间 ·· 129
课后练习 ·· 131

参考文献 ·· 132

第1章 软装陈设设计概述

识读难度：★★★☆☆
重点概念：软装设计、陈设设计、发展情况、类别

章节导读

软装设计，即室内空间环境设计过程中，将多种家居元素（如家具、灯具、窗帘、地毯、挂画等）按照一定的设计理念进行整体的搭配和装饰。在软装设计中，设计师会根据客户喜好的设计风格及空间属性，对多种家居元素进行设计整合，进而实施软装工程的施工，以达到空间合理、和谐且美观的效果（图1-1）。

图1-1 卧室软装设计

图1-1：卧室软装设计可根据业主喜好以及空间使用人群进行特定设计，例如以蓝色海洋为主题的房间多用于男孩子的房间，满足男孩对海洋世界的幻想。

1.1 软装陈设设计概念

作为对建筑硬结构空间的一种延伸和发展，软装设计在现代空间设计中扮演着至关重要的角色。通过对空间氛围的烘托、空间意境的创造、空间层次的丰富、空间风格的强化以及空间色彩的调节等方面的巧妙运

图1-2 硬装中的墙体和地板等

图1-2：图片中的墙体、地板以及梁柱均属于硬装范围，它们不可移动，有其固定的结构。在选择墙体和地板材料时，要综合考虑其环保性、质量、花色、耐用性等多方面因素，力求打造出一个美观、舒适、实用的室内空间。

图1-3 软装中的花艺

图1-3：花瓶和鲜花是可以移动的，随着主人的爱好和兴趣可做相应的改变，属于软装范围。花艺通过植物、花卉、枝叶等自然素材的巧妙运用，为家居空间营造出清新、舒适的氛围，使人们在忙碌的生活中得到放松和愉悦。

用，软装设计无疑成为室内设计中画龙点睛的部分。

软装设计不仅可以营造出独特的空间氛围，还能够赋予空间更多的情感和意义。通过对不同材质、颜色、形状、纹理等元素的巧妙组合和运用，软装设计可以使空间变得更加生动、有趣、有温度，从而更好地满足人们对于居住、工作、学习、休闲等不同场景的需求。

1.1.1 什么是软装设计

在室内空间环境创设领域中，空间结构建筑设计被称为"硬装设计"，而陈设设计则被视为"软装设计"。硬装设计是建筑风貌在室内的自然延伸，是空间结构规划与设计的有机结合，简单来说，就是室内那些不可移动的装饰工程（图1-2）。相较之下，软装设计则包含了室内所有可移动的装饰物品，如家具、灯具、布艺、花艺（图1-3）、陶艺、摆饰、挂件、装饰画等。

1.1.2 什么是陈设设计

陈设，既可理解为具有观赏价值或文化意义的摆设品、装饰品，也可理解为对物品的巧妙陈列和布置，以提升环境视觉效果。陈设品，作为一种独特的艺术形式，涵盖了室外陈设品和室内陈设品（图1-4、图1-5）。然而，近年来，室外陈设品逐渐被人们统称为"小品"，因此，当我们提到陈设品时，通常是指室内陈设品。

在空间环境中，除了那些围护空间的建筑界面以及建筑构件之外，所有实用或非实用的、可供欣赏和展示的物品，都可以被视为陈设品。这些独特的装饰元素为我们的生活空间增添了丰富的色彩，让我们的居住和工作环境变得更加生动有趣。

陈设品的范围非常广泛，包括雕塑、绘画、摄影、装置等艺术形式，以及沙发、茶几、花瓶、抱枕等生活用品。这些物品不仅具有实用性，还具有极高的美学价值，能够让人眼前一亮，为整个空间注入生机与活力。陈设品按性质可分为四大类。

图1-4　室外陈设花卉盆景

图1-4：室外陈设花卉盆景要根据周围环境进行合理布局，使花卉盆景与建筑、水体等元素相互协调，营造出优美的景观，多见于小型别墅以及庭院设计。盆景陈设可进行色彩、样式搭配，可丰富室外的视觉效果。

图1-5　室内陈设陶瓷摆件

图1-5：陶瓷摆件的种类繁多，其造型也千变万化。可根据自己的喜好和家居风格来选择合适的摆件。陶瓷摆件可作为装饰品，也可作为功能性产品，在造型上可选择个性化、造型丰富的室内装饰。

1. 纯观赏性物品

主要包括雕塑、工艺品、挂画等。这些仅供观赏的珍品，虽不具备实用功能，却各自扮演着审美和装饰的角色，承载着丰富的艺术和文化内涵（图1-6）。

2. 实用与观赏结合的物品

主要包括家具、家电、器皿和织物等家居物品，是我们日常生活中不可或缺的元素。它们各自拥有独特的魅力，不仅能够满足我们的实用需求，还能美化我们的生活环境，体现出主人对生活品质的追求和个性风格的彰显（图1-7）。

3. 功能性转移的物品

主要指随着时间流逝或地域变化，原有实用功能逐渐消失，但审美和文化价值却日益突显的物品，在新的条件下它们焕发出新的生命力。这些物品包括但不限于远古时代的器皿、服饰以及建筑构件等，它们都承载了厚重的历史和文化底蕴。此外，来自异国他乡的普通物品也有可能因为独特的艺术风格和人文背景，成为极富意义的陈设品（图1-8）。

图1-6　高档树脂工艺品摆件

图1-6：高档树脂工艺品摆件采用环保材料制成，其材质具有很好的抗腐蚀性、抗老化性，使得摆件能够长时间保持美观。该类艺术品具有文化意义，代表了各个雕塑家的主要作品，只能作为观赏用，不具备使用功能，但能增添主人的文化艺术魅力。

图1-7 沙发抱枕

图1-7：色彩缤纷的沙发抱枕成为室内一道亮丽的风景线，柔软的布料带给人亲切温馨的感受，既具备实用性又具备观赏性。

图1-8 老式收音机

图1-8：收音机在当代社会已渐渐退出了历史舞台，然而古老的物品因其质朴的特征成为许多人们的收藏品，寄托着怀旧的情感，随着时间的沉淀，其使用功能发生了改变，而审美价值得到了提高。

4. 艺术再创造的物品

这类物品大致可以分为两类。一类物品原本仅具有实用功能，比如家具、器皿等，然而，当我们按照形式美的原则对它们进行巧妙组织和排列时，它们便能蜕变为极具美感的装饰形式。这种转变常常让我们感叹艺术的神奇魅力。另一类物品则是那些既无观赏价值，又无实用价值的东西。然而，设计师能将这些看似无用的物品经过艺术加工、组织和布置，化腐朽为神奇，使它们成为极具韵味的陈设品。这种艺术创作过程充分展现了人类无穷的想象力和创造力（图1-9）。

1.1.3 软装陈设设计作用

软装应用于空间环境设计中，不仅可以提升居住环境的功能性、舒适性，而且可以提升居住环境的美感，打造个性化居住空间，具有自身独特的魅力。

1. 表现环境风格

环境的整体风格塑造至关重要。前期硬装的布局只是第一步，设计师还需关注后期的软装布置。通过巧妙的搭配和布置，软装能够塑造出室内

图1-9 啤酒瓶盖立体壁画

图1-9：许多人在喝完啤酒或者饮料之后，瓶盖便失去了它的价值，但富有创意的人将它们聚集到一起，根据其颜色或者造型拼成了具有艺术感的画作，装饰在家中别有风味。

空间独特的个性与风格。软装配饰素材，如家具、窗帘、地毯、灯具、饰品等，它们各自的外观设计、色彩搭配、图案风格、质感肌理都会对环境风格产生较大影响。因此，在塑造空间环境风格时，应充分利用软装配饰素材的特点，使之与硬装相得益彰，共同营造出和谐统一的氛围（图1-10、图1-11）。

2. 营造环境氛围

氛围感是空间带给观者的一种整体感受，软装设计在营造空间氛围方面具有举足轻重的作用。软装设计可以通过色彩、材质、灯光等元素营造出不同的空间环境氛围，如欢乐喧闹的喜庆氛围、庄重沉静的严肃氛围等，给人们留下截然不同的印象（图1-12、图1-13）。

3. 调节环境色彩

在现代室内环境设计中，软装产品占据的面积大幅度增加。在很多空间里，家具所占的面积甚至超过了40%。诸如窗帘、床品、装饰画等各类饰

图1-10　柔和的浅棕色调软装表现浪漫风格

图1-10：卧室是供休息的地方，需要给人一种安静、舒适的感觉。浅棕色调的床单、被罩，让人倍感温馨。床头灯的暖色调光线，为卧室增添了一丝浪漫。其风格往往在住宅空间以及家具展示空间中使用得较为频繁。

图1-11　白蓝相间色调软装表现简约风格

图1-11：白色与蓝色，一个象征着纯洁无瑕，一个寓意着宁静深邃。这两种色彩的结合，为简约风格带来了清爽、明快的视觉感受。蓝色床品与白色抱枕的软装搭配，可以让空间显得更加清爽。

图1-12 咖啡厅的休闲氛围

图1-12：咖啡厅作为人们聚会休闲、商务交流的空间，多以浅色调进行设计，空间内多添加陈设装饰，营造轻松明快的氛围。在材质的选择上，可选择一些柔软、舒适的材质，如棉麻、布艺等，让人们坐在里面时感觉舒适自然。

图1-13 餐厅的舒适氛围

图1-13：餐厅空间是人们聚餐、就餐的场所，在空间设计上多注重餐饮氛围的营造，在陈设设计上多以餐具展示、餐饮特色作为装饰，使顾客可更直观地感受到餐饮主题及风格。

图1-14 大面积的装饰画

图1-14：好的装饰画往往具有很强的艺术感染力，可以让整个室内空间焕发出独特的气质。大面积的装饰画可以让墙面显得更加宽敞，从视觉上扩大空间。通过大面积的装饰画改变室内空间风格，较适用于商业空间。

图1-15 大面积的木质家具

图1-15：原木色家居能很好地诠释返璞归真的情调。卧室选择颜色较浅的原木色家具，浅原木色调的家具淡雅温馨，可营造出一种简约的情调。

品的颜色，对整个空间的色调塑造起到了至关重要的作用。它们之间的合理搭配，共同营造了空间环境的色调，使整个空间更具生动气息，让设计更显独具匠心（图1-14、图1-15）。

4. 随心变换装饰风格

软装设计的一大优点就在于其易于移动、变换，通过软装饰品的调整，环境空间能始终紧随时尚潮流，用户能轻松自如地切换居家风格，随时享受全新的视觉盛宴（图1-16～图1-18）。

图1-16 适合春季的颜色鲜艳的窗帘

图1-17 适合夏季的轻盈的窗帘

图1-18 适合冬季的较厚的窗帘

图1-16：绿色，是大自然的色彩，它象征着生命、希望与和谐。一扇绿色系的窗帘，仿佛将这春天的绿意引入了室内，让人感受到大自然的清新与宁静。

图1-17：薄纱窗帘半透明的质感，不仅能有效地遮挡阳光，降低室内温度，还能为家营造一种朦胧的美感，也不影响人欣赏窗外的美景，使家居生活更加美好。与之搭配浅色的床品、沙发套等，会使居室内显得清爽。

图1-18：冬季天气变得更为寒冷，为保证室内温度较为适宜，选择材质较厚的窗帘，有利于抵挡室外寒风吹入。在窗帘的色彩选择上，暖色调的窗帘能够给人一种温暖、舒适的感觉。例如，红色、黄色等颜色都能为室内增添一份温馨。

— 补充要点 —

软装陈设与环境设计的关系

软装陈设设计与环境设计之间的关系如同绿叶与大树，二者相互依存，相辅相成。在现代环境设计中总能找到软装陈设设计的影子，不同的案例区别仅在于其数量、高度以及与环境融合的程度。无论是哪一类的软装陈设设计，都必须置于整体设计的环境之中，关键在于其是否与周围环境协调一致。然而，在特定的时代背景或需求下，软装陈设设计可能成为设计要素的主要部分，从而形成以软装陈设为主导的设计环境。

1.2 软装陈设市场发展

随着历史的推进和社会的持续进步，软装饰成为一种重要的装饰形式。在新技术、新材料不断涌现的背景下，人们的审美意识逐渐觉醒，对于装饰审美性要求也越来越高。软装饰艺术，作为一种融合了艺术、技术、材料科学等多个领域的艺术形式，不仅能够美化空间，还能够彰显个性，表达情感。

1.2.1 发展背景

软装艺术,被誉为"现代艺术",源自20世纪20年代的欧洲,是一种装饰派艺术。经过约十年的迅猛发展,软装艺术在20世纪30年代逐渐成型。这种艺术形式的图案通常以几何形状呈现,或是从具象形式演变而来。其所使用的材料不仅丰富多样,有的还十分贵重,包括天然原料(如玉、银、象牙和水晶石等),以及人造物质(如塑料,尤其是酚醛材料、玻璃以及钢筋混凝土等)。

软装艺术的典型主题涵盖了各种动物(尤其是鹿、羊),以及太阳等元素。然而,出于各种原因,软装艺术在第二次世界大战期间逐渐失去了人气。然而,从20世纪60年代后期开始,它再次引起了人们的关注,并逐渐恢复了昔日的辉煌。如今,软装艺术已经进入了相对成熟的阶段,展现出了独特的魅力和价值(图1-19、图1-20)。

软装历来都是人们生活中不可或缺的一部分。在古代,人们就已经掌握用陶瓷和金属等元素来装点家居的艺术(图1-21)。他们凭借各种不同的装饰品,营造出适应不同场合的独特氛围。如今,现代人在此基础上,更加注重运用各种风格的家具、饰品以及布艺,来展现自己独具特色的品位和生活情调(图1-22)。

随着经济全球化的不断推进,丰富的物质资源为我们带来了琳琅满目的商品和更多的选择。如何搭配才能更协调、更高雅,更能体现出居者的品位,已经成为一种艺术。因此,专门从事软装行业的专业人士应运而生,他们运用自己的专业知识和独特审美,为我们的生活空间增色添彩。

随着时代的变迁和社会的进步,软装这一源于欧洲大陆、风靡全球的装饰理念,逐渐走进了我国人民的生活。我国人民近年来才开始接触并了解这一理念,其发展轨迹是由沿海地区逐渐向内陆地区蔓延。相较于硬装修的一次性投入和无法更改的特点,软装以其灵活多变的特性备受人们喜爱。人们可以根据自己的喜好和需求,随时更新和更换不同的元素,赋予空间无限的生机与活力。

图1-19 现代软装中的家具

图1-19:现代家具中使用木材与软包进行组合,体现出自然的启迪,家具造型也转变为现代主义的极简、几何造型为主。在布艺选择上,设计师会选用柔软、舒适的材质,如棉麻、绒布等,确保家具满足居住者的舒适需求。

图1-20 现代软装中多样化的饰品材料

图1-20:饰品是软装设计中的点睛之笔,能够提升家居空间的品位。在选择饰品时,要注意饰品的风格、材质和颜色,确保饰品与整体家居风格相协调。随着现代艺术的发展,软装可使用的材料及样式逐渐丰富多样,多以植物盆栽、陶瓷品等进行装饰。

图1-21 中国清代室内盆景装饰

图1-21：清代室内盆景装饰的造型丰富多样，既注重自然景观的再现，又融入了文人墨客的审美情趣，形成了独特的艺术风格。在清代，为体现皇家的华贵，在陈设上会使用较为昂贵的材料或复杂的工艺。

图1-22 现代多样的家具和饰品

图1-22：对于家具等软装，可以根据空间的大小形状，人们的生活习惯、兴趣爱好和经济情况，从整体上综合策划装饰装修设计方案，体现出个性品位，而不会千篇一律。

1.2.2 当今状况

伴随着业主对生活品质的日益追求，装饰装修行业对设计师们提出了更高的要求。如今，室内设计师的角色在市场上发生了显著的变化。国内许多独立的软装设计公司应运而生，这些公司通常在项目设计完成或者施工未结束前就会提前介入。软装设计公司会根据硬装设计师的整体理念，协助他们进行后期的配饰设计。软装陈设设计是一个整体性的工作，若将其拆分为两个部分，后期的设计师对前期设计师的理念理解可能会存在较大的不确定性和歧异性。这无疑给整个项目设计带来了一定的风险，双方在设计的构思和执行上可能会出现脱节和断裂现象。

然而，随着我国设计领域整体发展步伐的加速，以及与国外室内设计领域的频繁交流，软装设计与环境空间设计的距离正在逐步缩小，两者最终将融为一体，这是一个不可逆转的发展趋势。在这个过程中，设计师们需要不断提升自己的专业素养，适应行业发展的新需求。只有这样，他们才

图1-23 花艺店

图1-23：花艺店具备了花艺的自行设计、生产、来料加工等技术和设备条件；可提供各色品种鲜花。店面可采用开放式展示，将花艺作品陈列在展示架上，形成一个整体。根据作品尺寸和数量，合理安排展示架的层数和位置。

能在日益激烈的市场竞争中立于不败之地，为我国室内设计行业的发展作出更大的贡献（图1-23、图1-24）。

图1-24 家具店

图1-24：家具店主要展示市面上广受欢迎的家具产品，其种类、样式丰富，可满足顾客的家具需求。为最大化地展示家具产品，往往会添加装饰画等进行点缀，从而吸引消费者目光。

图1-25 个性化的室内软装

图1-25：墙画和挂画是室内软装的重要组成部分，可以在墙上挂上一些居住者喜欢的画，或者根据房间的功能和居住者的需求，选择合适的墙画和挂画。

图1-26 人性化的室内软装

图1-26：人性化在室内空间设计中是关键一环，在进行软装布置时需充分考虑人的本质需求，从而满足使用者的日常所需。

1.2.3 未来趋势

在个性化与人性化设计理念日益深入人心的今天，人的自身价值的回归成为关注的焦点。要创造出理想的室内环境，就必须重视软装设计的作用。从满足用户的使用需求和情感需求出发，根据政治、经济、文化背景，满足不同消费者的不同消费需求，设计出属于个人的理想室内空间（图1-25、图1-26）。

软装设计师要以人为本，将人的需求放在设计的首位，以居住者为主体，结合环境空间的总体风格，充分利用不同装饰物所呈现出的不同性格特点和文化内涵，使单纯、枯燥、静态的室内空间变成丰富的、充满情趣的、动态的空间（图1-27）。

在我国的装饰设计领域，软装设计正逐渐受到高端业主的青睐。这些业主往往对生活品质有着极高的要求，因此，他们对于软装设计的需求主要集中在以下几个方面：一是对家居环境有着独特的审美追求；二是通过精湛的软装设计，将住宅打造成为一个舒适、宜居、温馨的空间（图1-28）；三是对空间规划、布局、色彩搭配、材质选择、风格定位，以及细节装饰陈设设计非常明确。因此，中高档住宅成为软装设计的重要领域。房地产样板间也是软装设计的一个热点领域。房地产商们希望通过精美的软装设计，提升房屋的价值，吸引更多的购房者。因此，软装设计师需要准确把握市场的脉搏，打造出既美观又实用的样板间（图1-29）。

从地域分布来看，我国的软装设计师与设计机构主要集中在北京、上海、广州、深圳等经济相对发达的一线城市。这些城市的业主对生活品质有着更高的要求，也为软装设计师们提供了更大的发挥空间。

随着软装设计的广泛传播和先进理念的深入渗透，我国正孕育着巨大的软装及家居饰品行业消费潜力，其被视为下一个备受追捧的创业蓝海之一。在欧美国家，软装配饰的理念已经深入人心，消费者无需市场引导，便会自然而然地在一年四季更换家具搭配，以营造出不同的生活氛围。这些国家在行业体系上的成熟以及在过去50年中积累的丰富

图1-27　充满情趣的酒店室内设计

图1-27：酒店的装饰应遵循以人为本的原则，要使人们住得舒适放松，尽量为顾客考虑周到。如处于特色区域的酒店，还需要考虑将当地特色与软装进行结合，营造当地氛围。

图1-28　别墅软装设计

图1-28：别墅软装设计要遵循功能性与美观性相结合的原则，以实现实用性与美观性的完美统一。在保证舒适居住环境的同时，别墅的软装设计应充分考虑装饰的美感，使整个空间充满温馨与浪漫。在装饰搭配设计上，需充分考虑业主对该空间的需求与设想，在家具、陈设等软装饰的选择上需注重使用功能的合理性。

图1-29　房地产样板间软装设计

图1-29：样板间是商品房的一个包装，也是购房者装修效果的一个参照实例，更是一个楼盘的脸面，一个好的样板间软装设计能够直接影响房子的销售情况。在软装设计中，可以采用简约的线条和柔和的色彩搭配，如白色、灰色、蓝色等，营造一个温馨、舒适的居住空间。

经验，无疑为我国那些有意进入这个行业的企业和个人提供了宝贵的参考。

软装设计在我国是市场驱动的特定产物，是当前时代的必然趋势。随着我国设计行业的快速发展，软装设计与空间设计距离必将逐渐缩小，并最终融为一体。在这个过程中，我们将借鉴并吸取国际先进经验，结合我国自身的文化特色和消费需求，打造出独特的软装设计风格。

1.3 软装陈设品分类

伴随着时代的推进和科技的飞速发展，人们的生活质量逐渐提高，对于精神层面的追求也日益增强。在这个背景下，室内空间装饰也逐渐从单一的功能性转向审美性和个性化，以满足人们对于生活环境的更高要求。因此，软装饰品成为室内空间装饰的重要组成部分，其多样化的种类为传统的室内空间注入了丰富的艺术气息，让人们在感到舒适的同时也能得到美的享受。

1.3.1 按材料分类

软装饰品种类繁多，按制作材料分类，有花艺、绿植、布艺、金属工艺（图1-30）、木艺（图1-31）、陶艺（图1-32）、玻璃制品（图1-33）、石制品、玉制品、骨制品（图1-34）、印刷品、塑料制品、贝壳制品（图1-35）等。

图1-30　铁丝壁挂

图1-31　木质吊灯

图1-30：铁丝壁挂是一种特殊的装饰方式，以其独特的美感和实用性而闻名。它可以将各种不同形状和大小的铁丝固定在墙壁上，形成各种有趣的图案。将铁丝经过特殊处理，弯曲成不同大小的圆圈做成壁挂，与铜片进行拼贴，增添个性化和创意，同时还可以起到装饰和隔离的作用。

图1-31：木质吊灯造型源于我国传统文化，具有浓郁的中国风，配以暖黄色的灯光，搭配镂空和花卉图样，给人以亲切感。

图1-32 陶瓷花瓶

图1-33 玻璃马赛克花瓶

图1-32：陶瓷花瓶作为我国传统的工艺品，一直以精致、典雅、实用的特点，备受人们的喜爱。它既可供观赏，又具有实用性，是集艺术与生活于一体的工艺品。以花瓣的形状作为花瓶的设计元素，将其进行组合、环绕，最终形成具有现代风格的花瓶造型。

图1-33：玻璃马赛克花瓶的颜色丰富多彩，通常为无色、红色、黄色、橙色等，可根据搭配的鲜花颜色和室内装饰风格进行选择。运用不同颜色、形状的玻璃马赛克，对花瓶外部进行拼贴，最终形成一个五彩斑斓的花瓶，搭配白色的花朵，为室内空间增添一抹活泼。

图1-34 骨制品雕刻

图1-35 贝壳制品

图1-34：骨制品雕刻，是一种充满艺术感和文化内涵的装饰品，不仅具有实用性，更可以带来一种美学体验。用骨制品雕刻出自己所预想的造型，放于室内空间中能更直观地感受空间使用者的审美以及爱好。

图1-35：运用不同形状、大小、颜色的贝壳进行组合，制作出独特的造型。例如，使用瓣状大贝壳作为底部，选择斑点式的小海螺进行造型塑造，最终营造出"金蛇盘丰年"的意象。

1.3.2 按功能分类

软装饰品按功能主要分为两大类：功能性软装饰品和装饰性软装饰品。

装饰性软装饰品主要是指单纯带来美感享受的软装陈设，如雕塑、绘画、工艺品、花艺等，此类装饰品主要用于空间环境氛围的营造和文化品位的传达（图1-36），它不是空间的必需，但是经过合理的搭配，这类装饰品能大大提高室内空间的艺术品位。

功能性软装饰品是指具有一定实用价值并具有观赏性的软装陈设，大到家电、家具（图1-37），小到餐具（图1-38）、衣架（图1-39）、灯具（图1-40）、织物（图1-41）、器皿（图1-42）等，此类软装陈设放在环境空间中，不仅实用，还具有装饰效果，是大多数业主非常喜爱的产品。

图1-36 珊瑚树摆件

图1-37 家具

图1-36：珊瑚树摆件采用独特的树形设计，将珊瑚枝干与树的意象巧妙融合，形成一幅自然、和谐的画卷。其独特的造型不仅具有较高的观赏价值，在空间装饰中还具有很强的个性和适应性。

图1-37：家具作为室内空间必不可少的物件之一，其实用性应大于其装饰性，在注重实用性的前提下可挑选自己喜爱的，同时注意尺寸是否合适。同时在选购家具时，设计师也需要考虑家具的设计风格与房间的整体风格是否相协调。

图1-38 餐具

图1-39 树形挂衣架

图1-40 台灯

图1-38：餐具是我们日常都会接触到的物品，无论是从花色还是形状上，都需符合审美要求，精美的餐具也能增添食物的魅力。

图1-39：挂衣架要比衣柜灵活得多，也轻巧得多，日常挂些小包、衣物都很方便。现代挂衣架的造型各异，随着功能的要求而变化，总体来说很富有观赏性。

图1-40：以斑马为造型的台灯很适合儿童房摆设，其生动的动物形象契合儿童对动物的喜爱心理，为空间增添趣味性。其暖色灯光便于儿童进入睡眠，烘托温馨的氛围。

图1-41 布艺创意抱枕

图1-41：在选择布艺创意抱枕时，色彩的选择至关重要。柔和的色彩能让人心境宁静，而鲜艳的色彩则能增添活力。设计师可以灵活选用对比色、亮色等，让布艺创意抱枕更加跳跃生动。

图1-42 储物罐

图1-42：水鸟形状的储物罐不仅外观独特，而且具有实用性。它不仅可以用来存放钥匙、门卡等物品，还可以作为摆放在室内的艺术品。水鸟的肚子作为储藏空间，容量较大。

1.3.3 按价值分类

软装饰品按价值主要分为两大类：增值艺术品和普通装饰品。

增值艺术品，如字画、古玩（图1-43）、限量版潮玩等，是具有一定工艺技巧和升值空间的工艺品、艺术品，属于增值收藏品。其他无法升值的则属于普通装饰品，例如普通花瓶、相框（图1-44）、时尚摆件等。

图1-43 瓷器

图1-43：瓷器尤其是具有古玩性质的瓷器在保存良好的情况下，其保值价值较高。在室内空间中放置类似陈设品，可突显空间使用者的尊贵气质与审美能力。

图1-44 相框

图1-44：相框属于普通装饰品，其款式和颜色可根据所要放置的照片来选择，摆放在恰当的位置，为室内空间尤其是住宅空间增添一抹温馨感。

- 补充要点 -

陈设品的陈设原则

在打造环境空间时,要充分考虑到人们的心理承受能力和需求。在日常生活中,人们对不同空间形式及其内部装饰有着特定的心理期待,这是经过长时间积累和验证的,符合人们心理体验的习惯。例如,医院的室内设计通常以淡雅的色彩和柔软的质感为主,目的是安抚患者及家属紧张不安的情绪;而商场的环境布置则倾向于活泼和休闲的风格,以便为顾客营造轻松愉快的购物氛围。

1.3.4 按摆放位置分类

饰品按摆放位置可分为摆件和挂件。摆件包括雕塑、铁艺、铜艺、玻璃钢、玻璃制品、陶瓷、花艺、花插(图1-45)、漆艺等。摆件的造型有瓶、炉、壶、人物、瑞兽、笔筒(图1-46)、茶具等。而挂件主要包括挂画(图1-47)、照片墙(图1-48)、装饰画、油画(图1-49)等。

图1-45 竹叶铜花插

图1-46 笔筒

图1-47 挂画

图1-45:竹叶铜花插不仅具有装饰作用,还体现了文人墨客的审美情趣。运用铜本身的光泽感以及金属色制作出花瓶,并在瓶身及把手处进行细致塑造,突显其陈设品的质感,彰显出一种独特的文化气息。

图1-46:笔筒作为书房、办公空间常见的一类陈设品,提供了满足日常的办公、学习所需的文具储存空间。因此,其在造型样式的选择上,更应注重功能性。

图1-47:在挂画的选择上,我们可以考虑与家具风格相匹配的挂画风格。例如,简约的现代感强的家具,如黑色金属质感的餐桌等,可选择抽象画进行装饰。

图1-48 照片墙

图1-49 油画

图1-48：照片墙运用单一的相框进行恰当、合适的组合，形成一面具有独特意义的装饰墙。照片墙用于住宅空间可展示家庭具有意义的照片，体现温馨感；用于商业空间可突显品牌特色。

图1-49：油画作为一种具有强烈文化内涵的艺术形式，能够为室内空间营造出不同的文化氛围。油画作品中所表现的主题、情感和风格等，都能够传达出一定的文化内涵和气息，提升室内空间的文化氛围。一些具有历史意义的油画作品，还可以为室内空间增添历史文化气息。

本章小结

　　本章主要介绍了软装陈设设计的基础知识、发展状况与设计分类。随着时代的不断发展，软装饰走进了人们的生活。可以根据空间的大小及属性，人们的生活习惯、审美喜好和经济水平，从整体上综合规划软装饰设计方案，体现个性品位，而不是千篇一律。与硬装修的不可移动性相比，软装饰可以随时变更，通过更新其要素，对空间环境进行设计和改造。

课后练习

1. 简述软装陈设的概念。
2. 列举软装陈设与硬装的区别。
3. 软装陈设设计的作用有哪些？
4. 软装陈设可分为哪些类别？
5. 了解相关资料，结合当今室内设计市场，谈谈你对软装陈设设计市场的发展情况的看法。
6. 生活中常用的软装陈设饰品有哪些？作业数量：将收集的资料和设计方案汇总到PPT中，上课进行展示分享。建议完成课时：4课时。
7. 毛泽东同志曾提出：古为今用，洋为中用，百花齐放，推陈出新。国外软装设计发展较早，国内目前并未发展成熟。年轻一代的设计师应多学习国外优秀的软装设计案例与产品，请查找并学习5个国外的优秀案例并分析其优秀的原因。

第2章 设计师与设计过程

识读难度：★★☆☆☆

重点概念：设计师、设计原则、设计流程

章节导读

设计是以视觉形式传达出来的创造性活动，设计是艺术与技术的完美结合，是适应这个瞬息万变、多元化的世界的必要视觉体验。软装设计师是连接软装设计与技术的桥梁，通过创新和创造，提升空间设计的品质。软装设计是一个表达个性和创意的过程，它将创新理念与视觉美学相结合，为人们呈现出独特的视觉享受。软装设计师在创作过程中，不仅要充分发挥自己的想象力和创造力，掌握各种设计技巧和工具，还要了解设计的材料与工艺，将抽象的灵感转化为具体的视觉形象（图2-1）。

图2-1 咖啡厅软装设计

图2-1：为体现咖啡厅的休闲感与高级感，咖啡厅的装饰应该以简约、大方为原则，避免过于烦琐的装饰。在软装设计上选择灰、木色为主的陈设品，搭配空间内的暖色调灯光，为咖啡厅营造氛围。

2.1 设计师

现代设计师必须是具有宽广的文化视角、深邃的智慧和丰富的知识，同时是具有创新精神、能够敏锐地捕捉到美感并能解决问题的人。

2.1.1 设计师应具备的能力

1. 发现问题、解决问题的能力

软装设计是"生活方式的创新",强调创造一种新的、合理的、和谐的生活方式。软装设计师关注的不仅是视觉效果和主题强化,更重要的是以使用者的需求作为思考和研究的起点,从生活中观察、发现问题,进而分析、归纳、判断事物的本质,以提出系统解决问题的概念、方案及方法。

设计师需要根据使用者的特点和需求,进行细致入微的观察和精准的表达,然后通过精湛的专业技能,将它们表现出来。设计师不仅要精通设计技巧,更要有共情力和担当力,只有这样,才能创造出真正符合人们需求的设计,让空间变得更加美好(图2-2、图2-3)。

2. 具备良好的沟通能力

作为一名软装设计师,必须拥有出色的沟通技巧。与人交流时,需敏锐地洞察对方的品位需求和对美的感知,以便为这类客户量身定制他们熟悉且喜爱的空间场景。在沟通过程中,软装设计师应时刻铭记客户是起点,也是终点,一切从客户的需求出发,打造与客户需求相契合的服务流程(图2-4、图2-5)。

3. 感知美、表现美、创造美的能力

软装设计师不仅需要有能力将各个空间适宜地陈设设计出来,同时,在选择个别产品时,也应具备独特的美感捕捉力。这种能力来源于日常的观察、积累和修养,因此,设计师需要持续加强对美感的感知力、表现力和创造力的训练(图2-6、图2-7)。

例如,在空间中根据特定环境定制纺织品时,设计师需要对颜色、材质、图案进行面料板的设计与制作,直至主体面料、主题色、点缀色、图案风格等都得到确认。这样才能更精准地掌控整个空间主题,进而分区域地细化每一部分的设计。

图2-2 清新舒适的卧室设计

图2-2:卧室的主要功能是为人们提供休憩、睡眠的空间。一个舒适的卧室可以让人在烦琐的生活中得到放松,并且保证良好的睡眠质量。在空间软装设计上可选择较为简约、清新、舒适的家具或陈设品,既满足使用需求又具有装饰性。

图2-3 摆件、花艺等装饰

图2-3:在房间中放置绿植和摆件,能够增加环境中的艺术气息。摆件应该根据房间的大小、风格和主人的个性和喜好进行选择,营造出更美好的氛围。

2.1.2 设计师应具备的素质

1. 超强的专业素养和自信心

设计师应始终坚信个人经验、眼光和品位,拒绝盲目跟风、自我欣赏、骄傲自满或急躁不安。设计师必须具备独特的品质和高超的设计技巧,无论面对多么复杂的设计挑战,都能通过认真总结经

图2-4 豪华大气的别墅软装设计

图2-4：别墅软装设计往往以奢华、大气、时尚、舒适为宗旨，注重空间布局的合理性和个性化。设计师在设计过程中，会根据业主的需求和喜好，将各种元素巧妙融合，形成独特的视觉冲击力。

图2-5 古朴厚重的中式软装设计

图2-5：中式软装设计如今逐步流行，在设计初期需要充分理解业主所想要的空间风格，把握空间的主色调，从而设计出让业主满意的空间。

图2-6 田园风格的软装设计

图2-6：田园风格特点是倡导追求自然，设计师在家具布置上可选择小碎花图案进行装饰，墙面可选奶白色或色彩饱和度较低的涂料进行粉刷，整体空间需要体现清新典雅的感觉。此外，田园风格的软装设计还往往采用一些天然材质进行空间搭配，如亚麻、棉麻等。

图2-7 地中海风格的软装设计

图2-7：地中海风格的室内空间色调以白、蓝为主，多选择自然风格的瓷砖、木材，诠释自然、质朴，营造如地中海的风拂过的浪漫氛围。

验、深入思考、反复推敲、汲取和消化优秀设计的精髓，实现全新的创新，使设计更加精致、生动（图2-8）。

2. 良好的职业道德和完善的人格

设计师职业道德的优劣以及设计师人格的圆满与否，对他们的设计水平影响深远。设计师设计水平的呈现在很大程度上取决于其人格的完善程度，以及是否具备良好的职业道德。人格完善的设计师拥有较强的理解能力、精准的权衡能力、敏锐的辨别能力、卓越的协调能力和稳妥的处事能力，能通过良好的职业操守顺利地克服设计过程中的种种困难（图2-9）。

图2-8 充满创意的儿童房软装设计

图2-8：儿童房是针对儿童所需的活动及儿童爱好所设计的空间，设计师需考虑多方面问题，其空间不仅需要营造童话世界的氛围，还需要考虑规避安全隐患，例如，空间内不能有尖锐的边角或用品。

图2-9 装饰画与花艺、抱枕的呼应

图2-9：软装设计在室内空间中种类丰富，设计师在设计时需要统筹考虑，比如抱枕、花朵和装饰画的色彩搭配，避免出现过于突兀的色彩。

3. 自我提升的主动性

设计师所需的广泛知识与专注精神既相互矛盾又相辅相成，前者为寻找灵感与表现手法提供源泉，后者则是履行职业职责的态度体现。在设计创作的核心环节——构思上，优秀的创意不仅需要通过修养和时间的沉淀，更需要积极地打破惯性思维，不断自我提升才能逐渐孵化。设计师须具备宽广的视野和探索未知的好奇心，以便从多渠道获取丰富的信息资源和创新动力。

4. 统筹全局的能力

优秀的软装设计需要在宏观的语境下去找寻设计的创新点与立足点，软装设计师需要具备统筹全局的能力，不但需要一定的美学基础和良好的艺术修养，还要了解基本建筑、环境、室内空间原理，掌握室内空间、灯光、色彩与风格的搭配关系，了解市场中的各种家居产品，才能迅速找到契合自己设计风格的作品。

另外，个性化的设计理念往往源于深厚的文化底蕴和丰富的民族特色。将民族性和独创性融入设计中，不仅彰显了价值，同时也赋予地域特色以生命。未来设计师应摒弃狭隘的民族主义观念，而将民族特色更多地体现在精神层面，在设计中更多地融入民族文化和传统文化。因此，我们有必要对民族传统和文化给予足够的尊重和重视，对其进行精心雕琢和发扬光大（图2-10、图2-11）。

图2-10 中式风格软装设计

图2-10：中式室内软装设计源于我国古代建筑装饰艺术，经过数千年的发展，积累了许多具有丰富文化内涵的设计元素。设计师在运用这些元素时，力求将其与现代生活相融合，使其焕发出新的活力。而中式风格中书法作品是一大代表，彰显文人气息，除此之外，博古架也是必不可少的家具，琳琅满目的陈设品摆放在博古架上，能给人带来极大的成就感。

图2-11 日式风格软装设计

图2-11：日式风格的软装设计，以简约的线条和简单的造型为主。在家具和装饰品的设计上，可以运用流畅的线条，让物体看起来更加简洁。同时，在色彩搭配上，可以选择一些低饱和度的颜色，如白色、木色、米色等，让整个空间更加清新自然。由于生活习惯的差异，日本人的家具偏向于精简、矮小，这符合日本的本土文化与地域特征。

- 补充要点 -

软装设计师与室内设计师的区别

室内设计师是空间的魔术师，主要是对建筑内部空间的六大界面进行精心的二次处理。这六大界面包括我们常见的屋顶、墙面、地面，以及分割空间的实体、半实体等内部界面。室内设计师运用专业技能，按照一定的设计要求，让这些界面焕发出新的生命力。室内设计师的技能要求高，能达到专业水平的人数量相对较少。室内设计师需要掌握的专业软件包括3ds Max、AutoCAD、Photoshop等，用这些软件绘制出精细的效果图，同时，还需要有良好的手绘功底，以便将设计理念最直观地展现出来。

软装设计师则是生活的艺术家，通过研究自然环境，深入理解客户的生活习惯，打造出一个舒适且科学的生活空间。软装设计师不仅需要有丰富的想象力，更需要有一颗热爱生活的心，只有这样，才能创造出既实用又充满艺术气息的生活空间。软装设计师更注重生活细节的把握，软装设计师善于通过生活细节的营造，让生活空间更加温馨、舒适。软装设计师的设计主要以实际产品为主，因此，需要的软件主要是AutoCAD、Photoshop等。软装设计师用自己的专业技能，让生活空间变得更加美好。

2.2 设计原则

优质的室内软装设计能够彰显空间主人的身份，体现审美品位以及文化修养。在进行室内软装设计时，设计师必须严格遵守设计原则，确保软装风格的整体统一和协调。

2.2.1 定好风格与规划

软装不仅可以满足现代人多元的、开放的、多层次的时尚追求，也可以为空间环境注入更多的文

图2-12 地中海风格卫生间设计　　　　　　　　　　　　　　图2-13 卫生间软装设计

图2-12：地中海风格以提倡明亮大胆及色彩丰富为主要特点。卫生间将深蓝色的瓷砖与浅蓝色的瓷砖相结合，很好地营造了海洋的氛围。同时，可以使用一些装饰品来增加卫生间的个性化和风格。例如，可以使用陶罐、花卉等进行装饰。

图2-13：地中海风格卫生间可选用成品盥洗台柜，白色柜体搭配棕色网纹石材台面，坐便器前方铺装白色地垫，与深色地砖形成衬托。

化内涵，增强环境中的意境美感。

在软装设计过程中，首要任务是确定空间环境的整体风格（图2-12），再利用各种饰品进行局部的装饰与点缀。在设计初期，设计师通过与客户的深入沟通，详细了解客户的生活习惯、审美偏好以及经济水平等，以求在满足空间功能需求和使用习惯的同时，体现出客户的个人风格（图2-13）。

2.2.2　比例完善

在室内软装搭配艺术中，常用的比例分配方式有黄金分割等。通过巧妙的陈设布局，利用如植被等元素将室内空间以适当比例进行分割，实现对环境空间的视觉规划效果（图2-14）。

稳定与轻巧的软装搭配手法，无论在何处都能找到它们的用武之地。稳定代表着整体的和谐统一，而轻巧则代表着局部的灵活生动。如果软装的布置过于沉重，会让人感到压抑，而过于轻浮的布置则会让人们觉得缺少了一份沉淀。因此，如何恰到好处地把握这个尺度，让人们在享受舒适环境的同时，也能感受到一种独特的艺术氛围，便成了软装搭配的核心所在（图2-15）。

2.2.3　节奏适当

节奏和韵律是通过体量大小的差异、空间虚实的转换、构件排列的疏密、长度变化的交替、曲柔刚直的交织等手法来创造的（图2-16）。在室内软装设计中，尽管可以运用各种不同的节奏和韵律，但同一空间内应避免使用过多的节奏，否则可能导致视觉混乱、心情烦躁。

在环境空间里，视觉焦点至关重要，人的注意力必须有一个集中点，这样才能营造出层次分明

图2-14　窗台下的绿植　　　　图2-15　配合适度比例

图2-14：在没有墙体对室内空间进行功能划分时，可运用植被或陈设品分割空间。尽量不将花瓶放在窗台正中央，偏左或者偏右放置会使视觉效果活跃很多。

图2-15：在软装设计时要注意色彩搭配的轻重比例，蓝色饰物视觉感受占据整个空间的20%，床上用品、台阶踏板、家具隔板等形状大小与色彩分配合理完善，其余色彩均为浅色，避免深色过多，让人感觉压抑。

图2-16　以红色、白色为主调　　　　图2-17　以桌椅为重点

图2-16：卫生间色彩以红色与白色搭配为主，红白之间相互穿插，形成较强的节奏感，另搭配黄色，进一步丰富了色彩节奏。

图2-17：客厅主要是为人们提供休憩、聊天的空间。沙发、茶几作为客厅的主要家具，在设计过程中需要选择色彩较重或较鲜明的，吸引人们的目光，从而形成视觉中心。

的美感，这个视觉焦点便是布置的重点。对某一特定部分的强调，可以打破整体的单调，使整个空间焕发出活力。不过，视觉焦点只需一个就足够了（图2-17）。

2.2.4　多样配置

软装布置需要遵循多样性和统一性的原则，以确保整体效果的协调和谐。在选择家具和饰品时，

图2-18 暖色调与布艺搭配　　　　　　　　　　　　　　　　　　　　　　　　图2-19 局部装饰

图2-18：客厅以复古风格为主，简单的白色墙面搭配上布艺沙发，在暖色灯具与装饰画的点缀下，提升了居住环境的品位，营造了安静、温馨的艺术氛围。

图2-19：青花瓷样式的台上盆与铜色花雕的镜子组合，复古元素的碰撞最终形成具有年代感的室内陈设。

需要考虑它们的大小、色彩和位置，使它们与整体环境相协调。同时，家具应该有统一的风格和格调，这样整个空间就会显得更加协调和连贯。

除了家具，饰品和小摆件也是提升空间品味的重要元素。通过精心的选择和搭配，空间可以更具个性和艺术感。例如，选择一些具有独特设计感的摆件，或者一些色彩鲜艳的画作和装饰品，都可以使空间更加生动有趣（图2-18、图2-19）。

― 补充要点 ―

软装设计的误区

1. 过于浓墨重彩的装饰涂料。装饰涂料能为空间增添一抹亮丽的色彩，但关键在于掌握其使用的分寸。一旦过量使用，反而会呈现出粗俗的效果，破坏整体空间的和谐。

2. 顶灯的布置。在每一个房间中都应使用调光器以及柔和的照明灯具。灯光不应直接照射在人们的头顶，那会显得过于刺眼和生硬。

3. 比例失衡的台灯。无需强行创新，简单的搭配也能展现出独特的魅力。

4. 过于束缚的抱枕。避免使用过大或颜色过于鲜艳的抱枕，以免使客厅的布局显得过于正式。

5. 单一的光源。优秀的光源设计在于创造出多层次的光源效果。不应只依赖一种光源，而是应将各种顶灯、地灯以及台灯混合搭配使用，以营造出丰富的光影效果。

6. 忽视对窗户的装饰。窗帘是改变整个房间视觉效果的简单且经济的方法。对窗帘的调整、更换，可以让整个空间焕发出新的生机。

2.3　设计流程

软装设计工作基本是在硬装设计之前就介入，或者与硬装设计同时进行。

2.3.1　前期准备

1. 完成空间测量

实地勘查空间，深入理解硬装基础，精确测量空间尺寸，全方位捕捉各个角落的精彩瞬间。收集硬装关键节点，精心绘制环境空间基础平面图与立面图。

2. 与客户探讨

通过深入探讨空间动线（图2-20）、生活习惯、文化喜好（图2-21）以及宗教禁忌等各个方面，与客户进行深度沟通。这将有助于全面了解客户的生活方式，从而精准捕捉到客户深层次的需求点。接下来，对硬装现场进行详细观察和深入了解，以掌握光线关系及色调。这将有助于控制软装设计方案的整体色彩，从而确保设计方案与客户的生活方式和喜好相契合。

3. 初步构思

依据前述各环节，对平面草图进行初步布局的描绘。首先，对拍摄所得的素材进行整理与分析，初步挑选出适合的软装配饰。接着，根据初步设定的软装设计方案的风格（图2-22）、色彩、材料质感以及灯光等因素，精心挑选与之相匹配的家具（图2-23）、灯饰、饰品、花卉、

图2-20　利用空间的软装

图2-21　地中海楼梯花纹

图2-20：利用卫生间天花吊顶的弧形造型以及居住者在卫生间的动线方向，在弧形吊顶下方放置浴缸，与天花板进行完美连接，使空间更为流畅、舒适。

图2-21：地中海楼梯花纹中最为常见的当属植物纹样。这些纹样包括莨苕纹、葡萄纹、橄榄纹、忍冬纹等，它们都是地中海地区最具代表性的植物。这些植物纹样往往采用重复的布局方式，富有秩序感，体现了地中海地区人们对自然的热爱与敬畏。同时，这些植物纹样还寓意着生命、繁荣和丰收，具有美好的象征意义。

图2-22 新古典风格客厅　　　　　　　　　　　　　　图2-23 新古典风格玄关柜

图2-22：新古典风格的客厅设计构思，从色彩开始，通常以淡雅、温和的色调为主，如米白、浅灰、红色等，这些颜色既能营造出优雅的氛围，又能让人感觉舒适宁静。

图2-23：新古典风格的门厅玄关柜，装饰元素是点睛之笔。可以采用陶瓷摆件等艺术品，增加空间的文化底蕴。同时，还可以在客厅适当增加一些插花饰品，以增加空间的舒适和美感。

挂画等。

4. 签订软装设计合同

与客户签订合同非常重要，特别是涉及定制家具的部分。详细讨论定制家具的价格、时间安排以及厂家制作、发货和到货时间，确保一切软装设计工作顺利进行。

2.3.2 中期配置

1. 二次空间校验

在软装设计方案初步构建完成后，软装设计师会携带基础的构思框架实地考察，对环境空间和软装设计方案草稿进行反复检验，感知现场的适宜性，对细节进行修正，并对饰品尺寸进行全面核实。

2. 制定软装设计方案

在软装设计方案与客户达成初步共识的基础上，通过配饰的调整，明确在本方案中各项软装配饰的价格及组合效果，按照配饰设计流程进行方案制定，出台正式的软装整体配饰设计方案。

3. 阐述软装设计方案

为客户全方位详细地解读正式的软装设计方案，并在解读过程中持续跟进客户反馈的意见，征求所有家庭成员的意见，以便进一步对方案进行归纳和修正。

4. 修正软装设计方案

在为客户进行完方案解读后，深入理解客户对方案的领悟，使客户明白软装方案的设计理念。同时，软装设计师也应针对客户反馈的意见对方案进行调整，包括色彩、风格等软装整体配饰中的一系列元素调整与价格调整。

5. 确认软装配饰

与客户签订采购合同之前，先与软装配饰厂商核实价格及库存，再与客户确定配饰。

6. 进场前产品复查

软装设计师要在家具未涂漆之前亲自到工厂验收，对材质、工艺进行初步验收和把控。在家具即将出厂或送到现场时,设计师要再次对现场空间进行复尺,已经确定的家具(图2-24)和布艺等尺寸在现场进行核定(图2-25)。

7. 进场时安装摆放

在配饰产品抵达现场时,软装设计师务必亲自参与摆放过程。软装设计师凭借丰富的专业知识和敏锐的审美,会对整体配饰的组合摆放进行深思熟虑,全面考虑各个元素之间的关系,以及客户生活的习惯,确保每个细节都得到妥善处理,让整个空间焕发出独特的韵味。

2.3.3 后期服务

软装配置后,会进一步对整体的配饰进行精细保洁、贴心的回访跟踪、详尽的保修勘察以及快速的送修服务。设计师需为客户提供一份详尽的配饰产品手册,这份手册将会涵盖窗帘、布艺、摆件、绿植以及家具的全方位保养知识。

以窗帘的保养为例,窗帘每半年左右需要进行一次清洗,而且清洗的方式需要根据窗帘本身的材质和特点来选择。

图2-24 尺度适当的家具

图2-25 合理尺寸的装饰品

图2-24:桌子的尺寸选择需要根据个人的需求和使用场景来决定。如果需要应对大型物品,可以选择尺寸较大的桌子,如桌长1.5~2m,宽度0.8~1.2m,高度0.4~0.6m。

图2-25:装饰品的尺寸需要根据所放置的家具尺寸或面积大小进行选择。装饰品在室内空间中主要是用作营造良好氛围,因此不需要占用太大面积,避免造成空间上的浪费。

本章小结

软装陈设设计师在设计过程中,需要对空间、消费者有充分的了解和准备,这是打造独特室内空间的关键之一。在设计过程中,软装陈设设计师应充分了解客户的喜好和需求,具备敏锐的观察力和良好的沟通能力,以确保设计出的风格既符合客户的期望,又充满个性。并结合自己的创意及设计原则与流程,为家居空间量身打造一套完美的软装方案。

第 2 章
设计师与设计过程

课后练习

1. 软装陈设设计师应具备哪些基本能力与素质?
2. 软装陈设设计师与其他相关行业的设计师相比有哪些不同?举一例说明。
3. 作为一名软装陈设设计师还需要哪些能力?
4. 简述软装陈设设计的大致流程。
5. 软装陈设设计要坚持哪些原则?
6. 选择一个空间进行软装陈设设计。作业数量:1份。设计图纸包含:平面布置图以及效果图4张,打印A3版面。建议完成课时:3课时。
7. 根据我国职业素养教育培养目标的相关内容,可以看出我国目前职业素养的重要性。作为软装陈设设计师,在与客户交流以及设计过程中需要注意哪些职业素养问题呢?请查阅相关资料,并进行分析。

第3章 家具陈设设计

识读难度：★★★★☆
重点概念：客厅、卧室、餐厅、书房、卫生间

章节导读

家具是生活中不可或缺的元素，是由材料、结构、外观形式和功能这四大因素构成的。这四大因素互相交织，互相影响。家具，如衣橱、桌子、床、沙发等大件物品，既是物质产品的代表，又是艺术的创作。它们在满足人们生活需求的同时，也在通过其外观形式和材料的选择，展现着独特的艺术魅力（图3-1）。

图3-1 餐厅软装设计

图3-1：餐厅软装设计是餐厅装修设计的重要组成部分，通过独特的软装搭配和布置，为用餐者营造出舒适、温馨的用餐环境。在餐厅软装设计中，应遵循整体性原则，色彩搭配、材质选择、装饰元素等要点皆需要注意。只有做好这些软装设计，才能为顾客提供更舒适、温馨的用餐环境，提升餐厅的整体品质。

3.1 客厅

在居家环境中，客厅的地位举足轻重，这里是家庭成员度过时间最长、展示家庭物质生活和精神风貌的核心区域，因此，设计和装饰客厅理所应当成为关注的焦点。客厅不仅是家庭成员共享的场所，也是接待客人的重要空间。

在空间允许的情况下，应该合理地将谈话、阅读、娱乐等功能区分开来，众多家具多紧贴墙壁摆放，将个人使用的陈设品移至各自的房间，以便使客厅释放更多的空间用于公共活动。同时应尽量减少不必要的家具，例如，整体展示柜、跑步机、钢琴等，可以放置在阳台或书房，或者选择购买折叠型产品，进一步扩大活动空间。这样的处理方式不仅使客厅更具实用性，还能让每个家庭成员在共享空间的同时，享受到宽阔而舒适的生活环境。

3.1.1 电视柜

电视柜无疑是观赏率最高的家具之一，其款式多样，包括地台式、地柜式、悬挑式以及拼装式等。

1. 地台式电视柜

此类电视柜通常依据装修现场定制，多以石材打造台面，呈现出大气且浑然一体的视觉效果。购买时需留意成品家具的长度，因为并非所有客厅都适合大体量的地台式电视柜。地台式电视柜一般无抽屉，液晶电视机则挂在墙上（图3-2）。

2. 地柜式电视柜

地柜式电视柜可与客厅的视听背景墙相得益彰，既可以容纳各类视听设备，也可以展示主人的收藏品，使视听区整洁统一，实现实用与美观兼具的设计效果。地柜容量大，通常配备3~4个抽屉，可存放众多物品（图3-3）。

3. 悬挑式电视柜

悬挑式电视柜需要提前预制安装，对墙体结构要求较高，最好是实体砖砌的厚墙，以承受柜体和电视机的压力。悬挑式电视柜内侧下方可安装发光软管灯带或日光灯管，营造出柔和的光源，与电视机屏幕相映成趣（图3-4）。

4. 拼装式电视柜

拼装式电视柜已逐渐取代过去又高又大的组合柜。根据客厅大小，可以选择高柜配矮几，或高几配矮几。这种高低错落的组合电视柜可分可合、造型富于变化，在国际市场上备受青睐。拼装式电视

图3-2 地台式电视柜

图3-2：地台式电视柜的设计简洁大方，线条流畅，可以与室内装修风格相融合，为整个家庭带来更美观的视觉效果。地台式电视柜的高度应注意与电视的高度相匹配。如果电视较高，可以选择底部较高的高度，如果电视较低，则可以选择底部较低的高度。

图3-3 地柜式电视柜

图3-3：地柜式电视柜是一种组合式家具，它由多个部分组成，包括底座、支架、背板、电视框等。底座是电视柜的基础，支架则负责支撑电视和底座，背板则是电视柜的背面，上面可以安装一些管子或电线，方便连接电视和其他用电设备。电视框则是电视本身，安装在背板上，保护电视免受损坏。

图3-4　悬挑式电视柜

图3-5　拼装式电视柜

图3-4：悬挑式电视柜最大的特点就是它的设计非常具有现代感。它的外观通常为纤细的木质结构，悬挑式的设计使得电视可以自由地悬挂在空中，不占用地面空间。这种设计不仅可以让客厅更加整洁，还能让人们享受更加自由、开放式的观影体验。

图3-5：拼装式电视柜可以根据个人需求进行组装，既可以单独使用，也可以组合使用，可将电视柜与储物柜进行结合，提供更多的储物空间，为生活提供了更多的自由度和灵活性。

柜简约至极，仅由几根钢管、几块玻璃或纤维板组成，通过背板上钉装隔板架的分件组合设计。这种电视柜有背板、有隔板架，甚至可以省略电视背景墙的装修。若背板缺失，可以选择喜欢的颜色刷在墙上，再将隔板架直接装到墙上，既简单又美观（图3-5）。

电视柜的最终选择，需综合考虑客户的个人喜好，以及客厅空间与电视机的尺寸。如若客厅面积有限且电视机尺寸较小，那么地柜式或单组玻璃茶几式电视柜将是不二之选。如果客厅空间宽敞，且配备了大型电视机，再搭配时尚的沙发，那么拼装式电视柜或地柜式电视柜将更为适宜。此外，背景墙的颜色也可巧妙地与沙发保持一致，从而营造出和谐统一的视觉效果。

3.1.2　沙发

沙发不再只是供人们休息的家具，而是已经演变成集实用、观赏等功能于一体的家居利器，其占据的室内空间面积也不容小觑。市面上的沙发种类繁多，如按材质可分为布艺的、皮质的、实木的，按风格可分为中式、欧式、美式、日式等，令人目不暇接。

1. 结构设计巧妙

在市场上销售的沙发，根据靠背高度的不同，可以分为低背沙发、普通沙发和高背沙发。低背沙发靠背高度为距离座面的370mm，为腰椎提供了一个支撑点，这类轻便的沙发便于搬运且占地面积小（图3-6）。普通沙发则通常有两个支撑点，分别承托腰椎和胸椎。

沙发靠背与座面的夹角十分关键，过大或过小都可能导致使用者腰部肌肉紧张、疲劳。高背沙发则有三个支撑点，三点构成一个曲面，使人的腰、肩背、后脑可以同时靠在靠背曲面上。这就要求木架上三点位置必须合适正确，否则坐者可能会感到不适。在选购时，可以通过试坐来判断。

2. 舒适平整

选购沙发时，弹性是一个重要的考量因素。要求其在按压、挤压、靠压时弹性均匀，压力消失后能够迅速回弹，这反映出内部垫层质量的优秀。高档沙发通常采用尼龙带和蛇簧交叉编织网结构，上面分层铺垫高弹泡沫、喷胶棉和轻体泡沫，为使用者提供极致的坐感（图3-7）。中档沙发则多以层压纤维为底板，上面分层铺垫中密度泡沫和喷胶棉，虽然坐感和回弹性相对较差，但仍然能够满足日常使用需求。

3. 骨架结实可靠

沙发的骨架，无论是木质还是金属材料制成，都务必具备结实、坚固、平稳和可靠的特性（图3-8）。通过直观的观察和触摸，我们可以轻易地鉴别其外露部分的精细工艺。而对于内藏部分，可以通过推动、摇晃和乘坐等方式，来感受其品质和性能。

揭开座下底部的一角查看，应当没有任何糟朽、虫蛀的痕迹。底部多采用质地坚硬、光洁无瑕的硬杂木，且这些木材均未带有树皮或木毛。此外，木料接头处采用复杂的榫卯结构，并用黏结剂将其牢固黏合。

4. 面料美观耐用

布艺沙发的面料应当厚实而精致，其经纬线应紧密且平滑，无任何跳丝或外露的接头，手摸的感觉应该紧绷且富有力量。专业的厂家生产的沙发专用面料品质上乘，色差微小，色牢度极高，织品无纬斜。特别是高档面料，为了增强防污能力，其表面还经过了特殊的处理，具有抗静电和阻燃的功能。

而在检查缝纫质量时，需仔细观察针脚是否均匀平直，然后用两手用力拉扯接缝处，看其是否严密（图3-9）。

沙发的面料不仅关乎其外观美感，更关乎其使用寿命和舒适度。面料的选用必须满足耐脏、耐磨损、抗拉伸和抗断裂等要求，因为在日常使用中，沙发的外层会反复承受人类的坐卧和各种冲击。同时，里层需要与弹簧、海绵等弹性体伸缩一致，进行循环配合，这就意味着它不能随意清洗。因此，

图3-6 轻便的沙发

图3-6：为满足人们在长时间坐靠后的舒适需求，沙发的造型会根据人体工程学原理，将沙发的高度、角度和曲线等进行优化，使得消费者长时间坐着，也能得到有效的支撑，保证舒适度。

图3-7 弹性好的沙发

图3-7：弹性好的沙发应具备舒适性。它能够为身体提供足够的支撑，让疲惫的身心得到放松。而这样的舒适感，并非仅仅依靠材料的柔软，更需要设计师对人体工程学的深刻了解。

图3-8 骨架结实的沙发

图3-8：沙发主结构为金属材料，非常牢固。简洁的造型散发着现代简约风格的魅力，橘黄色的抱枕更添风采。

图3-9 皮质沙发

图3-10 大空间大茶几

图3-9：皮质沙发的材质非常特殊，由动物皮革经过加工处理而成的。皮质沙发的外表看起来十分考究，皮革的颜色和质地都非常细腻。这也导致皮质沙发相较于布艺沙发而言不耐用，在清洁方面需要花费较多的时间。

在挑选沙发时，除了关注其外观图案色彩外，还需深入了解其内在质量。

3.1.3 茶几

合适的茶几，不仅要款式好看，而且要与其他家具搭配。选购茶几时要根据个人的需要来挑选，注重美感和功能兼备。

1. 恰当的空间

茶几的大小至关重要，它需要与空间相协调，方能彰显出和谐的美感。如果是在一个小空间内摆放一个过大的茶几，反而会让茶几成为空间的焦点，显得有些突兀；而在一个大空间里放置一个小茶几，又可能让茶几的存在感变得微不足道。

如果环境空间宽敞，那么深沉、庄重的木质茶几或许是个不错的选择。除了与主沙发相配的大茶几外，还可以在厅室的单椅旁边摆放一个较高的边几，它既可以作为功能性茶几，也可以作为空间中的装饰品，为整个空间增添更多的趣味和变化（图3-10）。

而对于那些较为有限的空间来说，布艺沙发和图3-10：在大空间中选择茶几时，可以考虑选择造型简单、现代的样式，让整个客厅更加整洁、大方。在材质上可选择实木，实木茶几能够让人感受到自然、温馨的气息。

北欧现代简约风格的塑料小茶几、小型玻璃茶几或者长方形的金属茶几都是很好的选择。这些茶几不仅可以调节空间感，还可以改变光线的投射效果，让小空间焕发出明快、温暖、时尚的气息。这样的布置不仅可以提升空间的美感，而且还可以让空间显得更加宽敞明亮（图3-11）。

2. 合适的颜色

茶几与空间主色调的巧妙搭配对于整体空间氛围十分重要。色彩斑斓的布艺沙发可与暗灰色的磨砂金属茶几相得益彰，或是与淡色的原木小茶几共筑温馨空间。红木与真皮沙发的组合，则需要厚重的木质或石质茶几来彰显其华贵气质。金属与玻璃材质的茶几相碰撞，能营造出清爽明亮的视觉体验，仿佛为空间注入一股清流，扩展了视觉范围。深色系的木质茶几则更适合宽敞的古典空间，它深沉的色泽与华丽的装饰，无疑为整个空间增色不少（图3-12）。

3. 注重功能性

茶几在提供美观视觉效果的同时，还需具备实用性能，能够承载茶具、小饰品等日常用品。在选购茶几时，除了要注重其外形设计、颜色搭配等方面，还需充分考虑其承载能力和收纳功能。

如果空间有限，多选择具备收纳功能的茶几，或者选择具有展开功能的茶几。这类茶几可以根据实际需求，灵活调整使用空间，既能满足茶具、饰品的摆放需求，又能在需要时提供额外的储物空间，极大地提高了环境空间的利用率（图3-13）。

4. 巧妙摆放

茶几的摆放并非一定要遵循传统规则，并非一定要置于沙发前的正中央。相反，茶几可以被放置在沙发旁或是靠近落地窗的地方。通过搭配茶具、灯具、盆栽等装饰，甚至是一些带有轮子的茶几款式，都可以展现出独特的设计风格（图3-14）。

图3-11 玻璃茶几

图3-12 配合沙发颜色的茶几

图3-11：在比较小的空间中，可以摆放瘦长的、可移动的简约玻璃茶几，而流线型的茶几能让空间显得轻松而没有局促感。

图3-12：在室内整体以米色为主色调的空间里，茶几的颜色不能过于突兀。顺应米驼色沙发的花纹纹路，选择纹路简单的白色复古茶几，使整个客厅色调协调且具有温馨的感觉。

图3-13 具有收纳功能的茶几

图3-14 沙发旁的小茶几

图3-13：现在很多茶几都设计有隔板，茶几的顶层在客人聊天时可以用来放茶具或水果盘等，而下一层可放书和其他东西。这类家具增加了室内的收纳空间。

图3-14：除了常规的茶几外，在空间足够的情况下可放置小茶几，方便人们随手拿取物品。如果要加强局部的美感，可以在茶几上放置精巧陈设品，让茶几成为一个美丽图案。

> **— 补充要点 —**
>
> **壁炉**
>
> 　　壁炉,这个源自西方的传统家居元素,起初的主要作用是供暖。而正宗的燃料选择当属木柴,它燃烧时释放出的能量,为寒冷的冬日带来温暖和舒适。壁炉所烘托出的氛围,充满了古朴的乡村风情,给人一种古色古香的感觉。
>
> 　　相较之下,我国的传统炭炉则具有更多的功能。除了供暖之外,炭炉还能烧开水,烤出香喷喷的红薯和馒头片,为生活增添了无尽乐趣。相较于西方壁炉的单一取暖功能,我国的炭炉显然更加实用。
>
> 　　现代的壁炉已经不再使用明火供暖,取而代之的是电热加温技术。现代壁炉中那熊熊燃烧的炉火,实际上是经过精心设计的影像,逼真程度令人难以分辨真假。现代壁炉价格为3000～7000元,根据品牌、材质和设计风格的不同而有所差异。

3.2 卧室

　　卧室,这个完全属于居住者的私密领域,是一个纯粹为了休息和放松的空间。然而,由于每个人的生活习惯和需求有所不同,卧室的功能往往变得更为多样化和私人化。在这里,人们可能会阅读书籍、翻阅报纸、观看电视、使用电脑、进行健身锻炼,甚至品茗谈天,确保高度的私密性和安全感。

3.2.1 床架

　　床是生活中必不可少的家具,能够消除人的疲劳,而只有搭配优质的床垫和床架,床的功能才能完美地发挥出来。出色的床架,使得床变得璀璨夺目,增添了一份独特的魅力。目前市场上的床架主要有以下三种类型。

1. 木质床架

　　木质床架透气性极佳,给人一种舒适温馨的感觉。睡在这样的床上,让人感觉仿佛与大自然亲密接触。木质床架与卧室中的其他家具相搭配,能够营造出一种和谐且柔和的整体美感。在木材的选择上,可以分为硬木和软木。硬木,如核桃木、橡木等,密度紧、质地重、色泽深沉,适合长期使用,是优良的材料;而软木,如松木等,色泽淡雅,舒适宜人,符合现代人的审美观,成为新时代的宠儿(图3-15)。

2. 铜制床架

　　铜制床架以其金光闪闪的外表,华丽的装饰和繁复的工艺,深受广大消费者的喜爱。在市场上,它曾经一度走红。然而,近年来,随着简约主义和自然风格的流行,铜制床架的市场逐渐萎缩。铜床

图3-15　木质床架　　　　图3-16　铜制床架　　　　图3-17　锻铁床架

图3-15：木质床架以其天然美观和质感而闻名。它可以让我们的卧室更加温馨和舒适。在木质床架上睡觉，会让我们感觉像是在大自然中休息一样。这种感觉可以让我们更加放松和安详，从而睡得更加香甜。

图3-16：选购铜制床架时，需考虑铜制床架的尺寸、样式和颜色，以便与整个家居环境相协调。在搭配铜制床架时，可以选择一些与之相配的家具和装饰品，如铜质灯具、铜制花瓶等，以增强整个空间的统一性。

图3-17：锻铁床架使用的材料具有良好的可锻性、耐磨性、耐热性和耐蚀性，耐用度较高。其造型简约，在室内空间中较好搭配各类型室内风格，广受大众喜爱。

通常在金属表面覆盖一层保护膜，以防止氧化变黑。铜床的优点在于其弯曲性强，可以塑造出各种各样的造型，满足人们的不同需求，营造浪漫的空间氛围（图3-16）。

3. 锻铁床架

锻铁床架以其独特的古典韵味，越来越受到一些时尚客户的喜爱。它是一种手工艺品，冷峻粗糙的质地，搭配上浪漫的寝饰，更能突显出惬意的浪漫情怀。锻铁床材质富于延展性，经过焊接处理后，呈现出紧密牢固的形体美感（图3-17）。

在选择床架时，最关键的因素无疑是其结构组织。床头板与床尾板的连接部位是否稳固，这一点至关重要。在市面上琳琅满目的进口床中，木质结构和金属结构的床款占据主导地位，它们的稳固性一般都值得信赖。然而，在日常保养中不可掉以轻心，应定期检查床架的五金组合部件是否松动。对于实木床架，应定期使用家具蜡进行养护，以保持其光泽和质地。而对于布套式的床头套，需将其送往干洗店进行专业清洗，以免发生变形等状况。

3.2.2　床垫

普通人在睡眠过程中，会辗转反侧多次。床垫作为我们睡眠的重要伙伴，其主要材质可以分为弹簧床垫、乳胶床垫以及山棕床垫三大类。

1. 弹簧床垫

常说的"席梦思"，其实就是弹簧床垫的代名词。这种床垫的价格差异较大，选购时需要向经销商详细了解，确保弹簧数量达标。通常情况下，内部弹簧数量应达到288支以上，中档价位的床垫弹簧数量一般约为500个，而顶级产品甚至能达到1000个以上。弹簧床垫的舒适度是其最吸引人的特点。由于其内部结构采用了特殊设计的弹簧，使得床垫能够适应人体的曲线，为身体提供有效的支撑。这种支撑可以有效缓解身体疲劳，帮助人们轻松入睡，并在睡眠过程中保持舒适感。

2. 乳胶床垫

乳胶床垫是由橡树汁提炼而成、纯天然的材质。其自回弹和回复性能极佳，能够舒适地支撑人体。部分高端乳胶床垫还配备电动装置，甚至可以半身抬起。乳胶床垫的透气性非常好，不会让人感

图3-18 新古典床头柜

图3-19 充满设计感的床头柜

图3-18：新古典床头柜的设计多以简约、流畅的线条为主。这些线条的设计使床头柜更加简约，给人一种高贵的感觉。搭配着银色金属的雕刻工艺，使得每个细节都充满奢华感。

图3-19：床头柜采用简约的线条设计，使其外观更加干净。床头柜抽屉以及下方挖空部分，可满足使用者不同的储藏需求，同时，床头柜采用深色木材，给人安稳、舒适的感受。

到闷热，有助于保持身体的舒适度。乳胶床垫主要成分是天然乳胶，它具有抗过敏特性，使用起来安全隐患较低。

3. 山棕床垫

山棕床垫又被人们俗称为"棕绷"，其天然材质具有极佳的透气性，同时具备防霉防蛀的特点，适合四季使用。山棕床垫的柔韧性超群，使得床垫与睡在上面的人体受力面积最大化，让人能够完全放松，从而提高睡眠质量。然而，尽管山棕床垫舒适度极高，但长期使用会导致棕绳逐渐松弛，变形的山棕床垫不适宜颈椎病人使用。因此，建议每隔3~5年更换一次棕绳，以保持床垫的弹性。山棕床垫具有天然、绿色环保的特点，对人体健康无任何不良影响，对环境的影响也较小。山棕床垫采用簧床结构，具有良好的支撑力和透气性。簧床结构能够根据人体脊柱的自然曲线，提供舒适的支撑，有助于缓解疲劳和压力，保证睡眠质量。同时，簧床结构还能使床垫具有良好的透气性，有利于汗液蒸发，为身体提供舒适的环境。

3.2.3 床头柜

床头柜的主要功能是收纳一些日常必需品，如床头灯，同时也可以储藏一些应急用品，如药品等。摆放在床头柜上的，更多的是为了给卧室增添一抹温馨气氛的物品，如照片、插花等。然而，床头柜在实用功能之外的价值却常常被人们忽视。

随着床的多样化和个性化壁灯的出现，床头柜的款式也更加丰富（图3-18），设计感十足的现代风格床头柜正在逐渐崭露头角，床头柜也不再是一成不变地成双成对、按部就班地守护在床的两旁。如今，即使只选择一个床头柜，也不会让人觉得单调（图3-19）。

床头柜的功能逐步得到了充分的展现。例如，延长型抽屉式收纳床头柜，其左右并列的四个抽屉不仅可以滑动，而且容量巨大，可以容纳众多物品。另外，带有脚轮的可移动抽屉式床头柜，让收纳变得轻松便捷，同时也让取放变得无比顺畅。单层抽屉床头柜，既可以展示装饰品，收纳能力也相当出色，根据实际需求，它还能瞬间变身成为小巧的电视柜。同时，床头柜的领域也在不断拓展，一些精致的小茶几、桌子也在悄然变为床头的新宠，成为卧室中一道新的亮丽风景线。

3.2.4 衣柜

衣柜是卧室中不可或缺的元素，不仅具备强大的收纳功能，更是提升空间美感的点睛之笔。

图3-20 推拉门衣柜　　　图3-21 平开门衣柜　　　图3-22 开放式衣柜

图3-20：推拉门衣柜给人一种简洁明快的感觉，一般适合面积相对较小的空间，以现代中式为主。现在越来越多的人都会选择可推拉的衣柜门，其轻巧、使用方便，空间利用率高，订制过程较为简便，进入市场以来，一直备受客户青睐，大有取代传统平开门的趋势。

图3-21：平开门衣柜的隔板是可以调整的，可以根据需要自由地扩展或缩小，这样的设计使得衣柜更加灵活，可以适应不同的需求。

图3-22：开放式衣柜的面积更大，可以同时容纳更多的衣物。无论是日常穿搭，还是准备特殊场合的穿搭，都可以自由地摆放。其次，开放式衣柜的空间感更强，让人感觉更加通透、自由。

1. 推拉门衣柜

推拉门衣柜，亦称移门衣柜或"一"字型整体衣柜，以其无缝嵌入墙体和屋顶的独特设计，成为硬装修的一部分。内推拉衣柜和外挂推拉衣柜，分别将衣柜门置于衣柜内和柜体之外，各具特色。内推拉衣柜具有较强的个体性，易于融入环境，灵活耐用，清洁方便，空间利用率较高；而外挂推拉衣柜多为量身定制，以满足家中环境元素需求，空间利用率更是出类拔萃（图3-20）。

2. 平开门衣柜

平开门衣柜，以烟斗合页连接门板和柜体，是传统开启方式的衣柜，与"一"字型整体衣柜相似。其档次高低主要取决于门板用材和五金品质。相较于推拉门衣柜，平开门衣柜价格更为亲民，但其缺点是占用空间较大（图3-21）。

3. 开放式衣柜

开放式衣柜以其强大的储物功能和便捷性，成为时尚家居的新宠。相较于传统衣柜，开放式衣柜更具前卫感。然而，这种时尚设计对房间整洁度的要求也相对较高，因此需定期清洁。为应对成人衣物较多的情况，设计师会巧妙地设计开放式衣柜，充分利用卧室空间高度，增加衣柜可用空间。常用物品应置于随手可及的高度，而过季物品则应储存在最顶部的隔板上，以保持空间整洁有序（图3-22）。

3.2.5 梳妆台

梳妆台是专门用于塑造仪容、打扮装饰的家具，如果设计得巧妙，不仅可以在卧室里发挥其功能，甚至还可以兼任写字台、床头柜或茶几的角色。其独特的造型，大片的镜面，以及台上琳琅满目的化妆品，都能为室内环境增添几分丰富和绚烂。

梳妆台一般由梳妆镜、梳妆台面、梳妆品柜、梳妆椅以及相应的灯具组成。梳妆镜常常设计得很大，而且经常采用折面设计，这样可以让梳妆者清晰地看到自己面部的每一个角度。梳妆台专用的照明灯具，最好安装在镜子两侧，这样光线就能均匀地照在人的面部。如果将灯具装在镜子上方，就会在人眼眶处留下阴影，影响化妆的效果。

根据梳妆台的功能和布置方式，我们可以将

图3-23 独立式梳妆台

图3-24 组合式梳妆台

图3-23：独立式梳妆台的设计通常比较简约大方，线条流畅，给人一种现代感。同时可根据女性的需求和喜好进行个性化设计，如添加额外的化妆镜、照明等。

图3-24：组合式梳妆台是一种集化妆、护肤和办公等功能于一体的综合性梳妆台。它将梳妆台、化妆镜、办公需求集成在一个整体设计中，节省空间和提高效率，使梳妆台得到更多的利用。

其分为独立式（图3-23）和组合式（图3-24）两种。独立式梳妆台是单独设立，这种方式更具灵活性和自由度，装饰效果往往更为突出。而组合式梳妆台则是与其他家具组合使用，这种方式适合于空间有限的卧室。无论是独立式还是组合式，梳妆台都能以其独特的魅力，为生活空间增添一抹亮色。

- 补充要点 -

梳妆台的摆放位置

将梳妆台置于窗边一隅，或者光线充足的其他位置，切记不要正对窗户。一方面，阳光直射可能会对化妆品造成不可逆的损伤；另一方面，夏季阳光过于强烈，容易在面部投下阴影，对化妆造成困扰。然而，若配以一层白色的薄窗纱来柔和光线，这些烦恼便不复存在。

如果将梳妆台放置在床的一侧，或者卧室较狭长，可考虑将梳妆台设在床尾或入门处。由于室内光线较弱，此时选择合适的镜前灯就显得尤为重要。一盏明亮而柔和的镜前灯，不仅能照亮你的容颜，更能为你的梳妆时光增添一份独特的韵味。

3.3 厨房

厨房以橱柜为核心，尽管橱柜的款式每年都在更新换代，但每种风格仍旧散发着独特的魅力。

3.3.1 古典风格

随着社会的不断进步，人们对古典风格的怀旧之情反而愈加强烈，这便是古典风格历久弥新的奥秘，其优雅尊荣，独特的温馨与沉着，完美地满足了成功人士的审美需求。传统的古典风格对厨房空间有着较高的要求，U型和岛型布局则是最为适宜的选择。在材质方面，实木毫无悬念地成为首选，其色泽、纹理以及独特的朴实无华之美，深受成功人士的喜爱（图3-25）。

3.3.2 乡村风格

让自然的韵味流入室内，使得室内空间与户外世界展开一场永无止境的对话。都市的喧嚣被悄然抚平，取而代之的是乡村风格的厨房，让人与自然的关系更加紧密。

彩绘瓷砖，带着乡野的气息，以水果、花鸟等自然景象为题材，描绘出一幅宁静而舒适的画卷。每一片瓷砖都充满了生活的热情和对大自然的赞美，让人仿佛置身于田野之间。原木地板是一种极具乡村风情的装饰材料。它的触感温润，如同大地母亲的抚摸，让人感受到自然的亲切与温馨。在橱柜材质的选择上，实木材质无疑是更好的选择。它的质感和色泽，都是大自然的馈赠，让人在家中也能感受到大自然的气息（图3-26）。

3.3.3 现代风格

现代风格作为全球流行的风尚标，无论在哪个国家，哪个品牌，都能找到它的身影。这种风格以其时尚、新颖的特性，赢得了无数人的喜爱。现代橱柜就是其中的翘楚，其独特的设计理念和强烈的时代感，使得它成为现代家居的代表。

现代橱柜的设计，摒弃了繁复的装饰，追求简洁明快的线条，使得整个橱柜看起来更加干净利落。色彩的运用也更为巧妙，无论是炫目的红、黄、紫，还是明亮的蓝、绿，都能被设计师巧妙地融入其中，让橱柜焕发出独特的魅力。

在空间搭配上，现代风格也表现出极高的兼

图3-25 古典风格橱柜

图3-25：古典风格橱柜的设计非常优美和精致。它们的形状和线条流畅，体现了古代文明的优美和奢华。同时，古典风格橱柜的设计也融入了现代时尚的元素，使得它们既体现了传统的美感，又符合现代人的审美需求。

图3-26 乡村风格橱柜

图3-26：乡村风格橱柜的设计灵感来源于大自然，颜色柔和、质感温暖，让人感受到大自然的生机和活力，让生活更加充满闲适自然的味道。

图3-27 现代风格橱柜

图3-27：现代风格橱柜通常采用简洁、干净的线条设计，以及现代感强的材质和色彩搭配，蓝色与白色的色彩搭配，让整个厨房空间更加明亮、宽敞。

图3-28 前卫风格橱柜

图3-28：前卫风格橱柜的外观设计通常采用简约的线条，使其看起来更加时尚、优雅。在色调上，以灰色、白色、金属色为主，这些色彩搭配在一起，既简洁大方，又富有时尚感。

容性。它不受束缚，无论是与何种风格的家居环境搭配，都能做到和谐统一。而且，现代橱柜对装饰材料的要求不高，这使得它能够适应各种不同的装修需求，也是它在全球范围内广受欢迎的原因（图3-27）。

3.3.4 前卫风格

独立自主的年轻一代，总是渴望在潮流中独树一帜。他们敏锐地捕捉到当下最热门的材质，如透明玻璃、金属等，通过独具匠心的搭配，将时尚的元素融入其中，让它们焕发出新的生机（图3-28）。

3.3.5 实用主义

对于那些不常下厨的家庭来说，他们往往会选择那些实用性较强的厨房设计。在这样的配置中，仅依靠基本的底柜作为储物空间，再配备烤箱、炉灶、抽油烟机等关键厨具，完成烹饪流程。通常，为了节约空间，水槽会被省略。这种风格突出强调了实用与简洁的特征（图3-29）。

图3-29 实用主义橱柜

图3-29：实用主义橱柜的设计以功能性为主，力求将空间最大化利用。注重搭配和组合，可以根据使用者的需求选择合适的组合方式，让厨房空间变得更加丰富多样。同时可以配备智能化电器，搭配使用，让生活变得更加便捷。

3.4 餐厅

餐厅是人们每日享受美食，同时也可以举办欢乐聚会，邀请亲朋好友共度美好时光的场所。在我国，宴请宾客共进美食被视为最高礼节，因此，优秀的就餐环境显得尤为重要。对于空间较大的餐厅，通常会有专门的用餐区域；而对于空间有限的餐厅，常常会与其他功能区域相结合，形成一个集用餐、家庭酒吧、休闲和学习于一体的多功能空间。

在选择餐厅家具时，还应注意色彩的搭配，以营造出和谐温馨的就餐氛围。天花板造型和墙面装饰品也是影响餐厅风格的重要因素，可以根据个人喜好和餐厅整体风格进行选择。总之，餐厅是一个兼具实用性和美观性的空间，需要我们在家具选择、色彩搭配、空间利用等方面精心设计，打造一个既符合传统礼仪，又充满现代气息的完美就餐环境。

3.4.1 餐桌椅

在餐饮空间中，餐桌的设计千变万化，但主要可分为矩形和圆形两种。矩形餐桌在餐厅中占据主导地位，通常与餐厅形态相仿，是餐厅的视觉中心（图3-30）。圆形餐桌多搭配旋转台面，更方便就餐，椅子摆放后具有强烈的视觉凝聚力（图3-31）。

3.4.2 装饰酒柜

餐厅中的装饰酒柜，不仅是一种储存性质的实用工具，同时也是一种装饰空间的艺术品（图3-32）。

对于古典装饰风格的餐厅来说，独立式台柜将会是一个不错的选择。这种类型的酒柜不仅能够突出主题装饰形态，而且不会过于突出自身，避免了喧宾夺主的情况发生。同时，独立式台柜的储藏空间也相当充足，可以满足餐厅储存餐具的需求。

在选择装饰酒柜时，还需要考虑其材质和颜色。一般来说，实木材质的酒柜比较适合于古典装

图3-30 矩形餐桌

图3-31 圆桌

图3-32 装饰酒柜

图3-30：矩形餐桌是居室空间中常见的餐桌，能充分利用空间长度，适合多人用餐。其结构比较稳定，可以保证用餐的安全和稳定性。

图3-31：圆桌的形状是圆形，中心有一个圆柱。它的结构比较灵活，同一个空间中，圆桌能坐更多人，所以圆桌适用于各种不同的场合，如家庭聚餐、酒店餐厅等。

图3-32：装饰酒柜不仅仅是简单的装饰品，它还具有强大的功能性。酒柜一般采用多层设计，可以放置多种酒类、饮料和杯具，满足家庭的各种需求。

饰风格的餐厅，其质感更加贴近古典风格。此外，颜色方面，可以选择深色系或浅色系的酒柜，根据餐厅的整体装饰风格来进行搭配。

在装饰酒柜的设计上，也可以加入一些独特的元素，比如雕刻、镶嵌等，使其更加具有艺术感。此外，可以在酒柜上摆放一些装饰品，比如花瓶、雕塑等，进一步提升对餐厅的装饰效果。餐厅的装饰酒柜是一种兼具实用和美观的家具，不仅可以储存餐具，还可以提升餐厅的整体装饰效果。在选择和设计装饰酒柜时，需要根据餐厅的装饰风格和需求来进行选择，使其与整个空间相协调，营造出独特的氛围。

3.5 书房

书房是一个私密性极强的空间，它是人们对于基本居住需求的超越，属于高层次的精神性需求。书房提供了阅读、书写、思考和密谈的环境，尽管它的功能相对单一，但对环境的要求却极为严格。

3.5.1 写字台

写字台的形态与布局皆会影响到人们的学习和工作效率。尤其是L型的布局，它巧妙地扩展了工作空间，使得各种参考资料得以有序堆放，营造出一种被知识环绕的充实感（图3-33）。

书桌的材质，实木与金属是两大主流。实木材质，质感温润，色泽自然，它散发出的气息让人仿佛置身于宁静的森林，能够沉淀我们的心绪，帮助我们专注于学习。而金属材质则如同一位坚毅的守护者，它坚固耐用，为我们的学习提供稳定的支持。在挑选书桌时，可根据个人的喜好以及室内装修的风格，来决定书桌的材质。

3.5.2 书架

书架的安置并无严格的规定，只要方便取书，无论是非固定式、入墙式、吊柜式，还是在墙壁上安装的半身书架，都可以根据实际情况进行安排（图3-34）。如果空间允许，入墙式或吊柜式书架可以与音响设备等巧妙结合，实现空间的最大化利用。半身书架靠墙摆放时，上方留白的墙壁可以用

图3-33 写字台

图3-33：这种L型的写字台还可用于放置电脑，不影响书写，较为实用。一般写字台都靠窗摆放，且习惯把写字台平放在窗台下，以取得较好的采光效果，其实这样并不科学。最好将写字台的左侧面靠窗，这样光线就从书写者的左上方照射进来，不会因右手书写而遮挡光线。

壁挂艺术品等进行装饰，增添书房的艺术氛围。而大型落地式书架，有时则可以充当隔断的角色，因为满架的书籍能营造出宁静的阅读空间，其隔音效果不亚于普通的砖墙。

对于存放珍贵书籍的书橱，最好安装玻璃门，选择推拉式或平开式，可以根据书房的面积进行选择（图3-35）。书橱和书架的设计宽度应适度，过宽则浪费空间，过窄则不便于书籍的取放。书架的隔板必须具有一定的强度，以防止书籍过重导致隔板弯曲变形。在书橱旁边，可以摆放一张舒适的软椅或沙发，再以壁灯或落地灯提供柔和的光线，以便随时坐下阅读或休息。这样的书房设计，既注重实用性，又兼顾到舒适度，为阅读带来最佳的体验。

图3-34　简约书架

图3-35　书橱摆放设计

图3-34：书架可以与墙面或家具结合，以达到整体美观的效果。同时，书架的颜色和材质要与室内环境相协调，给读者带来舒适的感觉。简约书架运用线条自然划分书架层级，每一层级都可满足使用者放置书籍与陈设品的需求。

图3-35：书橱放置门口处，空间内放置书桌、休息沙发，提供阅读、办公的空间。休息沙发一般放在入门的一侧，面向窗户最好。在学习、工作疲劳时，可以抬头眺望窗外，有利于消除工作给眼睛带来的疲劳。

3.6　玄关

玄关不仅仅是一件摆设，更是一种文化象征。它犹如一个人的脸面，无声地向世人展示着这个家庭的独特文化气质。在玄关的布局中，家具的摆放既要保证畅通无阻的出入，又要实现家具的使用和装饰的双重功能。因此，低柜和长凳往往是人们的首选。

3.6.1　鞋柜

鞋柜是一种必不可少的家具。根据市场上常见的款式，鞋柜大致可分为三类。

1. 抽屉式鞋柜

抽屉式鞋柜通常有两到三层，能够容纳二十几双鞋子。其设计简洁大方，便于整理和取放（图3-36）。

2. 开门式鞋柜

开门式鞋柜有多种款式，如三开门、四开门等。它除了具备一般的储鞋功能外，还通常设有专门的伞架，方便主人存放雨伞。这种鞋柜设计周到，适合空间较大的门厅（图3-37）。

3. 滑轨杆鞋柜

滑轨杆鞋柜外观类似抽屉，但它不需要将抽屉拖出来放鞋子，只需轻轻一拉，整个柜子的鞋子便一览无遗。这种鞋柜的巧妙之处在于柜门上有两根滑轨杆控制，操作简单方便。这种鞋柜有多种尺寸，大的有五层，高度如同衣柜，小的只有一层，如同床头柜一般（图3-38）。

鞋柜通常摆放在门厅的一侧，作为进出家门的必经之地，购买时要注意尺寸适中。如果鞋柜过高过大，各种鞋子的混杂气味和病菌更容易对家人的呼吸器官造成伤害。如果已经购买了过大鞋柜，觉得扔掉可惜的话，可以减少放入鞋子的数量，将上层空间用于存放其他物品。这样既不浪费空间，又能保持家居环境整洁。

3.6.2 长凳

1. 定制一体化长凳

如果室内空间足够宽敞，那么以一种有序且协调的方式布局家具和功能便成为可能。在此情境下，鞋柜、长椅、全身镜、衣帽钩以及置物隔板都能各得其所，恰到好处地融入入户空间。统一的风格和形态，使得入户区域紧凑而和谐（图3-39）。

2. 带储藏功能的长凳

换鞋长凳能展现出对小空间设计的独特见解。通过巧妙地重新规划空间，让鞋柜得以释放更多的存储空间，而剩余的空间则交由这个换鞋长凳自由发挥（图3-40）。

图3-36 抽屉式鞋柜

图3-37 开门式鞋柜

图3-38 滑轨杆鞋柜

图3-36：抽屉式鞋柜特点是方便使用。传统的鞋柜需要取鞋器来取鞋，非常麻烦。而抽屉式鞋柜可以将鞋子直接抽出来，方便快速地穿上或脱下鞋子，节省了时间和精力。

图3-37：开门式鞋柜的设计更加开放和自由。它不需要考虑鞋柜的朝向，可以随意摆放，方便我们拿取鞋子。同时，开门式鞋柜的储物空间也更加灵活和实用。可以将钥匙、鞋刷、雨伞等工具放在鞋柜的内部，方便使用。

图3-38：滑轨杆鞋柜外观简洁大方，线条流畅。与传统的鞋柜相比，滑轨杆鞋柜更具有现代感，适用于现代都市人的居住环境。其采用高品质的木材或金属材料，便于摆放各类鞋子和物品。

图3-39 一体化长凳

图3-40 独立的带储藏功能的长凳

图3-39：一体化长凳的设计，指的是整条长凳由多个部分组成，它们相互连接，形成一个整体。这种设计不仅使得长凳的结构更加稳定，而且还能增加长凳的时尚感和现代感。一体化长凳可以采用各种时尚的元素，如木纹、布艺等，使得长凳看起来更加独特。

图3-40：独立的带储藏功能的长凳，在座位下设计有储藏空间。这种设计让长凳更加实用，方便人们在长凳上休息时存放物品，而不必再将物品放在地上或其他地方。

— 补充要点 —

门厅与玄关的区别

门厅是进门后的第一站。它可以是开放的，也可以是封闭的，无论是住宅空间、商业场所还是办公环境，都可能有这个区域的存在。在我国，家居空间的这个区域通常被称为"玄关"，通常不会采用全开放格局，而是会设置视觉隔断或者完全独立的空间。

3.7 儿童房

儿童房的布置，应如同一本丰富多彩的童话书，以简洁明快、生动活泼、富有想象力的设计基调，为孩子们打造出一个梦幻般的空间。在这里，他们可以更有效地安排课外学习和生活起居，自由自在地享受自己的小天地。孩子们对新奇事物有着强烈的好奇心，因此在设计中应巧妙而单纯地展现出新奇和童趣，避免以成年人的思维主导创意。

3.7.1 床

对于儿童床的安全性，需要考虑的因素有很多。首先要尽量避免棱角的出现，选择圆弧收边的床，这样可以有效防止孩子在玩耍过程中受到伤害。同时，边角的手感要光滑，不能有木刺和金属钉头等潜在危险物品。

儿童的天性就是活泼好动，因此，要确保床

的稳定性。挑选床的时候，应该选择耐用、承受力强的款式，这样才能保障孩子安全，避免床榻倒塌的风险。此外，还要定期检查床的接合处是否牢固，特别是那些带有金属外框的床，螺丝钉很容易松脱，从而影响床的稳定性。

在环保方面，儿童床的选材也十分重要。目前，市面上主要有木材、人造板、塑料和铝合金等材料。其中，原木是制造儿童家具的最佳选择，因为它取材天然，不会产生对人体有害的化学物质。原木家具不仅环保，而且质地坚硬、耐用，能够满足孩子们的日常活动需求。

为了孩子们的健康成长，要从细节处把关，为他们打造一个安全、舒适的睡眠环境。从选购床开始，要注重床的安全性、稳定性和环保性，让孩子们在快乐的童年时光里，拥有一个温馨的避风港（图3-41）。

孩子们喜欢那些热烈、饱满、鲜艳的色彩。对于男孩子的房间，可以选择蓝、绿、黄等与自然界植物色彩相接近的配色方案，使房间充满活力和生机（图3-42）。而对于女孩子的房间，则可以选择以植物花朵为主色的柔和色系，如浅粉、浅蓝、浅绿等，让房间充满温馨和柔和（图3-43）。

3.7.2 书桌

选择书桌时，必须对其材质、安全系数等方面进行全面考虑，以确保孩子的健康、高效和快乐学习。

1. 安全性

安全性应作为首要考虑因素。书桌椅的线条应圆润流畅，最好选择圆形或弧形收边的款式，同时还要确保开关顺畅，表面处理细腻。应避免选择带有锐角和表面坚硬、粗糙的书桌椅，以免对孩子造成伤害。在选购时，可尝试用力晃动几下，结构松动、感觉摇摇欲坠的家具，则可能存在安全隐患（图3-44）。

2. 环保性

选购书桌椅应确保其材料环保无异味，表面的涂层应具备不褪色和不易刮伤的特点，且涂料无害。

3. 科学性

儿童书桌椅应选择符合人体工程学原理的款式。书桌椅的尺寸应与孩子的高度、年龄以及体型相匹配，这样才能有利于他们的健康成长。

（a）圆弧收边儿童床

（b）双层儿童床

图3-41 儿童床

图3-41（a）：这种设计可以确保床铺不会滑动或移动，孩子们在玩耍过程中可以放心地使用。而且，这款床的收边设计还可以提升孩子的安全感，让他们感到仿佛置身于一个安全的空间。

图3-41（b）：双层儿童床为孩子们的睡眠、学习和游戏提供了一个充满想象力和安全性的空间。通过合理的摆放和搭配，可以帮助孩子们充分发挥自己的想象力，打造一个快乐、健康、和谐的成长环境。

4. 色彩搭配

作为儿童房的一部分，书桌椅的选择应与房间整体风格相协调。0～7岁是孩子们创造力发展的关键时期，因此最好使用大胆明亮的色彩来激发他们的好奇心和注意力。若选择可调节高度的儿童书桌椅，建议选择色彩较为淡雅的款式，因为它们将陪伴孩子度过许多年。

5. 造型与功能相辅相成

儿童书桌椅应避免选择造型过于烦琐的款式。过于花哨的造型一方面容易过时，另一方面，也会分散孩子的注意力，使他们无法专注于学习。应选择造型简洁、功能性强的书桌椅（图3-45），以满足孩子在学习和成长过程中的需求。

图3-42：蓝色是天空和海洋的颜色，代表着广阔和自由，它让人感到平静和愉悦。在布置以蓝色为主色调的房间时，可在墙壁、家具等部位加入黄色、红色等颜色来增加视觉效果。

图3-42 以蓝色为主色调的儿童房

图3-43 以浅绿色为主色调的儿童房

图3-44 儿童书桌

图3-45 造型简洁、功能性强的书桌椅

图3-43：浅绿色是一种非常清新自然的颜色，能够带给人舒适愉悦的感觉。在儿童房的设计中，以浅绿色为主色调，可以营造出一种宁静、轻松的氛围，有利于孩子们的身心健康。同时，可以搭配一些活泼的撞色，如明黄色、粉红色等，增加房间的趣味性。

图3-44：儿童书桌的尺寸和比例对于孩子的舒适感至关重要。书桌的桌面应可以倾斜，这样可以让孩子在写字、看书、画画等活动时保持舒适的角度。其次，书桌应该有足够的储物空间，可以让孩子有序地存放书籍、文具等物品。

图3-45：简洁的书桌椅在设计上尽量避免复杂的造型和过多的装饰，注重家具的功能性和实用性。这种简约的设计风格能满足现代人对家居生活的需求。书桌上面及下面设置抽屉或书架，方便存放文件或书籍，利于收纳，使房间更加整洁、干净。

3.8 卫生间

住宅中的卫生间是一个关键的功能区域，卫生间的功能已经从最初的单一如厕和洗漱功能逐渐发展成为集盥洗、淋浴、如厕、洗衣等功能于一体的多功能空间。近年来，越来越多的住宅也开始设置多个卫生间，提供了更加便捷和舒适的居住体验。卫生间空间的扩大和功能的多样化，使得住宅的品质和人们生活质量得到了大幅度提升。如今，卫生间的主要设备包括浴缸、淋浴房、洗脸盆、坐便器等，这些设备的设计和配置也日益注重人性化和实用性。

3.8.1 浴缸和淋浴房

浴缸的样式繁多，但如果仔细归类，可以概括为深方型、浅长型和折中型三类。而浴缸的放置方式则包括搁置式、嵌入式以及半下沉式三种。当人沉浸在浴缸中时，需要确保水深能没过肩膀，这样才能舒适地温暖全身。因此，浴缸的设计应考虑到适当的水容量，一般来说，如果浴缸较短，水深可以适当增加，反之，如果浴缸较长，水深则可以相应减少（图3-46）。

在现代家庭中，淋浴房正逐渐成为一种热门选择。新型的淋浴房设备正朝着大型化和多功能化的方向发展（图3-47）。类似于浴缸的新功能，淋浴喷头的喷水形式也呈现出多样化的趋势，包括有强有弱的水势、有聚有散的水花，使得淋浴不仅仅是一种清洁方式，更是一种富有趣味性和保健功能的体验。

淋浴房由工厂预制，功能齐备，防水性能优越，一些高级的淋浴房甚至集淋浴、桑拿、按摩、美容于一体，具有极强的适用性。这些淋浴房经过精心设计和制作，不仅为用户带来了便利，还极大地提升了生活品质，使得每一次淋浴都成为一种身心愉悦的享受。

3.8.2 洗脸盆

洗脸盆的功能虽然单一，但其造型设计却颇为自由，尺寸也可适当缩小。在选择洗脸盆时，主

图3-46 浴缸

图3-47 淋浴房

图3-46：浴缸的长度、宽度和高度需要根据卫生间空间进行选择。如果卫生间空间较小，可以选择短款或椭圆形的浴缸，以节省空间。对于大空间卫生间，则可以根据个人喜好选择长款或环形浴缸。

图3-47：淋浴房宽度在800～1200mm、高度在1800～2400mm较为合适。此外，淋浴房门口的宽度应保持在600～800mm，以方便进出。开门形式有推拉门、折叠门、转轴门等，可以更好地利用有限的浴室空间。

要需关注其盆口的大小，一般以横向宽度较大为宜，以便于手臂在其中活动。当洗脸盆还需兼任洗发池的角色时，为满足洗发的需求，盆口应适当增大且深度更深，盆底也应相对平坦。至于洗脸盆的台面高度，通常控制在780mm左右最为适宜（图3-48）。

3.8.3 坐便器

坐便器的使用体验舒适、轻松，其因便利性，已逐渐取代蹲便器成为家庭卫浴的主流选择。其高度设计对于如厕的舒适度有着重大影响，常规的尺寸范围在350～380mm。此外，坐便器的坐圈大小和形状也是至关重要的因素。坐圈中间的开洞尺寸、坐圈的断面曲线等设计细节，都必须遵循人体舒适性的原则。

现今，新型的坐便器融入了诸多创新功能，例如自动冲洗臀部、温风自动吹干以及坐圈保持温热等，这些设计在冬天使用时，能有效避免冷感的出现。不仅如此，这些新型坐便器还对人体生理健康产生了积极的促进作用（图3-49）。

上述住宅室内空间的家具、家饰配置总结见表3-1。

图3-48 洗脸盆

图3-49 卫生间坐便器设计

图3-48：陶瓷洗脸盆是最常见的类型，它具有质地坚硬、耐磨损、易清洁的特点。同时，其色彩丰富，款式多样，可以满足不同消费者的需求。

图3-49：在选择坐便器时，需要考虑卫生间的大小和形状，以及个人的身体尺寸。如果卫生间较小，可以选择较小的坐便器，这样可以节省空间。另外，坐便器的高度也非常重要，应该根据个人的身高来选择合适的高度，这样可以减少腰部和腿部的疲劳。

表3-1　　　　　　　　　　住宅家具、家饰配置表

序号	功能区	行为表现	必备家具	辅助家具	家电设备	色彩倾向	采光照明	绿化布置	装饰材料
1	主卧室	睡眠 小憩 更衣	床 床头柜 衣柜	沙发椅 电视柜 梳妆台	空调 电视	暖调 丰富 浅色	筒灯 吊灯 床头灯	少量/无	地板 乳胶漆 木材墙纸
2	客卧室	睡眠 休闲 储藏	床 床头柜 衣柜	沙发椅 电视柜	空调 电视	中性暖调	床头灯 吸顶灯	少量/无	地板 乳胶漆 木材墙纸

续表

序号	功能区	行为表现	必备家具	辅助家具	家电设备	色彩倾向	采光照明	绿化布置	装饰材料
3	书房	阅读 学习 工作	书桌柜 书柜	装饰柜 沙发椅 茶几	电脑 空调	中性浅蓝	筒灯 台灯 吸顶灯	少量	地板 乳胶漆 木材墙纸
4	儿童房	睡眠 娱乐 育儿	儿童床 书桌柜 衣橱	电脑桌 电视柜 储藏柜	电脑 空调 电视	纯色 丰富 亮丽	台灯 壁灯 吸顶灯	少量/无	地板/地毯 乳胶漆 木材墙纸
5	卫生间	洗浴 便溺 家务	洗面台 坐便器 淋浴间	浴柜 清洁池	浴霸 洗衣机	中性白亮	吸顶灯 镜前灯	少量/无	地砖墙砖 扣板 密度板
6	客厅	会客 团聚 娱乐	电视柜 沙发 茶几	装饰墙柜	电视 音响功放 空调	中性 浅蓝 米黄	筒灯 吊灯 立柱灯	适中	地砖 乳胶漆 木材
7	餐厅	进餐 宴请	餐桌椅	酒柜 装饰柜	饮水机	暖调纯色	筒灯 吊灯	少量	地砖 乳胶漆 墙纸
8	门厅/玄关	出入 通行 更衣	鞋柜 衣帽架	鞋凳 装饰柜	无	中性浅色	筒灯 射灯	少量	地砖 乳胶漆 木材
9	厨房	炊事 家务 进餐	橱柜	餐桌椅	抽油烟机 微波炉 冰箱	纯色 丰富 白亮	筒灯 吸顶灯	少量/无	地砖墙砖 防火板 密度板

3.9 户外家具

户外家具是指为方便人们在开放或半开放性户外空间中进行健康、舒适、高效的公共性户外活动而设计的一系列用具。与室内家具相比，户外家具具有特定的功能和特性。随着人们生活品质的提高，户外家具已经成为家具领域的一股新兴时尚，代表着人们对休闲放松生活的追求。

3.9.1 永久固定型家具

如木亭、帐篷、实木桌椅、铁木桌椅（图3-50）等。一般这类家具要选用优质木材，具有良好的防腐性，重量也比较重，可长期置于户外。

3.9.2 可移动型家具

如西藤台椅、特斯林椅（图3-51）、可折叠木桌椅（图3-52）和太阳伞等。用的时候放到户外，不用的时候可以收纳起来放在房间里，所以这类家具更加舒适实用，不用考虑那么多坚固和防腐的性能，还可以根据个人爱好加入一些布艺等作点缀。

3.9.3 可携带型家具

如小餐桌、餐椅（图3-53）和遮阳伞，这类家具一般是由铝合金或帆布做成的，重量轻，便于携带，野外出行游玩、垂钓都很适合，为户外出行增添不少乐趣。

图3-50　铁木桌椅

图3-50：铁木桌椅的造型古朴大方，线条简洁流畅。桌面呈圆形，四角略微凸起，以防撞伤。桌椅的腿脚粗壮有力，与伞紧紧相连。椅子的靠背和座板都采用弧形设计，贴合人体曲线，坐上去舒适又安稳。

图3-51　特斯林椅

图3-51：特斯林椅主要是由"特斯林"这一材料制作而成，其材质具有轻便、透气、耐磨、抗腐蚀等优点，为特斯林椅的结构提供了坚实的基础。以特斯林制作的沙滩椅和办公椅等家具，满足了消费者的需求，得到了越来越多人的喜欢。

图3-52　可折叠木桌椅

图3-52：可折叠木桌椅最大的特点就是便携。与传统家具相比，可折叠木桌椅在不需要使用时可以轻松折叠，占用空间小，方便携带和存放。无论是在家中、办公室还是户外，都可以轻松应对各种环境，满足不同场合的使用需求。

图3-53　小餐桌、餐椅

图3-53：小餐桌与餐椅的尺寸和形状要根据户外空间的大小和形状来选择。既不能过大，占用过多空间，也不能过小，显得局促。常见的圆形小餐桌直径尺寸有1.2m、1.5m和1.8m等，常见的户外餐椅宽度尺寸有0.6m、0.8m和1.0m等，形状则有圆形、方形等。

— 补充要点 —

户外家具在中国兴起的原因

随着我国城市化进程的加速,各类大型建设项目纷纷向景观型与功能型转变。以观光游览、休闲娱乐为主题的公共休闲空间,以及众多高级住宅区和别墅群项目陆续启动。众多宾馆、体育馆、办公大楼、商店、花园、泳池、海滩、公园、高尔夫球场、网球场、咖啡厅、茶座等纷纷涌现。

因此,高档休闲娱乐场所、私人住宅、企事业单位休闲场所等对户外家具及用品的需求急剧增加,促使户外休闲运动空间范围大幅度拓展。这一趋势不仅带来了巨大的市场需求,还为户外家具及用品行业创造了良好的发展机遇。

在这个过程中,我国城市建设的风貌日新月异,原有的自然景观与人文景观得以融合,形成了一种独特的城市景观。人们在享受现代生活带来的便利与舒适的同时,也能在繁忙的生活中找到一片属于自己的宁静空间。

本章小结

家具陈设设计是室内装饰的重要组成部分,对于实现舒适的生活环境有着至关重要的作用。在选购家具时,要根据空间大小和喜好选择合适的材质、造型和风格;在搭配家具时,要考虑色彩搭配、材质搭配和风格搭配。不同的空间中所需要的家具种类、材质都有所不同,需要陈设设计师在设计过程中统筹考虑,最终达到消费者所期望的室内空间效果。

课后练习

1. 除文中所述家具,简述客厅、卧室、卫生间、门厅/玄关的其他家具。
2. 床架有哪几种类型?儿童房的软装设计要注重哪些细节?
3. 卫生间常用哪些装饰?
4. 课后查阅相关资料,对比我国户外家具与外国户外家具的区别。
5. 简述其他房间例如老人房、保姆房、游戏房的软装设计要点,包括其中的家具、陈设等。
6. 探讨开放式厨房与传统厨房的区别,陈述其优缺点。作业数量:1份。将分析内容及所查找相关案例整合成word,进行介绍与分享。建议完成课时:6课时。
7. 习近平总书记强调:"要增强创新意识、培养创新思维,展示锐意创新的勇气、敢为人先的锐气、蓬勃向上的朝气。"对于陈设设计师而言,家具陈设的创新产品也是一个需要时刻关注的方向,了解国际的流行趋势。查阅近三年国内外在家具陈设设计上的新创新、新运用,并选择5个案例进行细致分析。

第4章 布艺软装设计

识读难度：★★★☆☆
重点概念：窗帘、抱枕、床品

◀ 章节导读

现代布艺正逐渐受到人们的喜爱，其独特的魅力使得它在家居装饰中占据了重要地位。作为"软饰"的一种，布艺以柔美的姿态，软化室内空间的僵硬线条，为居室注入温馨的气息。

布艺的风格丰富多样，各具特色。布艺对于家居氛围的塑造作用尤为显著。布艺元素丰富，使得它能够适应各种风格的家居环境，无论是与欧式家居的搭配，还是与中式家居的组合，都能产生独特的美感。布艺以其丰富的色彩和多样的图案，为家居环境增添了生动的色彩，使其更具个性，更富活力（图4-1）。

图4-1 酒店软装设计

图4-1：该酒店客房的软装设计以简约欧式风格为主，使用了较多的高质量家具和陈设品。在纺织品方面，使用了舒适柔软的布料，为宾客提供舒适的沙发和座椅。此外，酒店还注重灯光设计，使用了富有层次的灯光，为整个客房增添了一份宁静与舒适。

4.1 窗帘

窗帘是住宅家饰的必备品，温馨浪漫的居室环境，与窗帘的巧妙搭配密不可分。

4.1.1 窗帘的种类

1. 百叶式窗帘

百叶式窗帘有水平式和垂直式两种，水平百叶式窗帘由横向板条组成，只要稍微改变一下板条的旋转角度，就能改变采光与通风。板条有木质、钢质、纸质、铝合金和塑料等材质（图4-2）。

2. 卷筒式窗帘

卷筒式窗帘的特点是不占地方、简洁素雅、开关自如。这种窗帘有多种形式，其中家用的小型弹簧式卷筒窗帘，一拉就下到某部位停住了，再一拉又弹回卷筒内。此外，还有通过链条或电动机升降的产品。卷筒式窗帘使用的帘布可以是半透明的，也可以是乳白色或有花饰图案的编织物。卧室与婴儿房常常采用不透明的暗幕型编织物（图4-3）。

3. 折叠式窗帘

折叠式窗帘的机械构造与卷筒式窗帘差不多，一拉即下降，所不同的是第二次拉的时候，窗帘并不像卷筒式窗帘那样完全缩进卷筒内，而是从下面一段段打褶后升上来（图4-4）。

4. 垂挂式窗帘

垂挂式窗帘的组成最复杂，由窗帘轨道、装饰挂帘杆、窗帘楣幔、窗帘、吊件、窗帘缨（扎帘带）和配饰五金件等组成。对于这种窗帘，除了不同的类型选用不同的织物以外，以前还比较注重窗帘盒的设计，但是现在已渐渐被无窗帘盒的套管式窗帘所替代。此外，用垂挂式窗帘的窗帘缨束围成的帷幕形式也成为一种流行的装饰形式（图4-5）。

4.1.2 窗帘的色彩

空间中的窗帘往往占据着较大的视觉面积，因此在挑选时，务必要考虑室内墙面、地面以及家具陈设的色调，以实现整体环境的和谐统一。

如果墙壁是纯洁无瑕的白色或是温润的淡象牙色，那么家具可能会是明亮的黄色或者沉静的灰

图4-2 百叶式窗帘

图4-2：百叶式窗帘的叶片采用优质材料制造，可以保证其耐用性和稳定性。同时，叶片之间的缝隙可以灵活地调节，让阳光和空气自由地进入室内。这种窗帘的设计非常适用于现代室内环境，为使用者带来更加舒适和自然的生活体验。

图4-3 卷筒式窗帘

图4-3：卷筒式窗帘主要由面料和轨道两部分组成。面料可以是布料、塑料等，轨道则分为金属和塑料两种。卷筒式窗帘遮光性较好，即使在炎炎夏日，也不会有直射的感觉。

色,此时,窗帘的选择不妨大胆一些,橙色的窗帘会让整个空间显得更加活力四射。如果墙壁是宁静的浅蓝色,家具是温馨的原木色,那么窗帘就可以挑选白底蓝花的样式,这种搭配会让空间显得更加清新自然(图4-6)。如果墙壁是温馨的黄色或者淡黄色,家具是高雅的紫色、神秘的黑或者优雅的棕色,那么黄色或者金色的窗帘将会是不错的选择,它们会让空间显得更加富丽堂皇。如果墙壁是优雅的淡湖绿色,家具是活力四射的黄色、绿色或者沉稳的咖啡色,那么中绿色的窗帘或者草绿色的窗帘将会是很好的选择,它们会让空间显得更加和谐统一(图4-7)。

图4-4 折叠式窗帘

图4-4:折叠式窗帘可以随意调整,让窗户成为一种独特的装饰。与其他窗帘相比,折叠式窗帘更具有创意,能为生活增添空间感。

图4-5 垂挂式窗帘

图4-5:垂挂式窗帘是极具创意的。它的独特之处在于,窗帘不再是竖立在窗框上,而是像瀑布一样,从窗户上自然地垂下。这种设计大大丰富了窗帘的层次感,使得原本单调的窗面变得生动而有趣。站在窗前,仿佛置身于一片诗意的世界,让人陶醉。

图4-6 蓝色为主的窗帘

图4-6:蓝色白底蓝花色的垂挂式窗帘,在室内空间中显得稳重、宁静,运用在客厅、会客厅等区域,彰显品位。

图4-7 浅绿色为主的窗帘

图4-7:浅绿色让人联想到自然的清新和活力,浅绿色窗帘能够为房间带来宁静和舒适,让人感到更加平静和放松。

4.1.3 窗帘的面料

目前市面上的窗帘材质繁多，包括棉、丝、绸、尼龙、纱、塑料以及铝合金等。每一种材质都有其独特性，使得它们在各自的领域中独树一帜。

棉质窗帘以其柔软舒适的手感，给人以温馨的家居体验；丝质窗帘则以其高贵优雅的气质，提升了房间的整体格调；绸质窗帘则以其豪华富丽的视觉感受，为房间增添了一份华贵；而串珠帘则以其晶莹剔透的质感，给人一种梦幻般的感觉。此外，纱质窗帘以其柔软飘逸的特性，为房间带来了一丝轻盈。

在选择窗帘材质时，应根据房间的功能属性进行选择。例如，浴室和厨房这样的功能性房间，应选择实用性较强、易于清洗的布料，同时，风格也应力求简洁明快。而对于客厅和餐厅，可以选择豪华优美、质感上乘的面料，以提升房间的整体氛围。卧室的窗帘，则应以厚实、温馨、安全为主，以保证生活隐私性及睡眠的安逸（图4-8）。而书房的窗帘，则需要选择透光性能好、明亮的材质，以便在阅读和工作时，能够保持清醒的头脑。此外，淡雅的色彩也能使人情绪平稳，有利于提高工作和学习效率（图4-9）。

4.1.4 窗帘的图案与大小

在选择窗帘的颜色和花样时，还需考虑不同年龄层次的喜好。客厅的窗帘颜色和花样应选择较中性的，既能满足家庭各成员的喜好，又能展现客厅风格的包容性和适配性。儿童房的窗帘图案可以选择小动物、小娃娃等富有趣味性的图案，这样可以营造出童趣盎然的空间氛围（图4-10）。

年轻人的房间窗帘图案应以奔放、自由为主，这样可以展现出年轻人的活力与激情。而老年人的房间窗帘图案则应以安逸、宁静为主，这样可以让老年人在宁静的环境中享受安逸的晚年生活（图4-11）。

图4-8 卧室窗帘

图4-8：卧室窗帘质地厚实，能有效减少噪声的传播。这使人们在卧室中休息时，即使外面传来嘈杂的声音，也能感受到一份宁静与舒适。另外，质地厚实的窗帘具有较好的耐用性，避免后期需要频繁更换窗帘的问题。

图4-9 书房窗帘

图4-9：透光性能好的窗帘，能让阳光和自然的气息自由地进入书房，使人心情愉悦。颜色上，可以选择淡色调，如浅灰色、浅蓝色等，这些颜色都能有效地帮助我们减轻视觉疲劳。而花纹上，可以选择一些简单素雅的图案，避免过于烦琐的装饰。

图4-10 充满童趣的窗帘

图4-11 简单朴素的窗帘

图4-10：儿童房可以选择有小动物样式的窗帘，为房间增添生气。例如，窗帘上有各式各样的小鸟形象，让孩子们在看到窗帘时，仿佛置身于一个充满活力的森林世界。

图4-11：深沉的咖啡色格子图案非常低调含蓄，适合中年人使用，能让人沉心静气，这样的窗帘布置在书房能让人享受独处、工作时的宁静淡然。

4.2 抱枕

抱枕在我们的生活中再熟悉不过了，然而在软装设计中却往往能发挥出人意料的作用。除了材质、图案、颜色各种独特的缝边以及花式之外，抱枕的摆放位置和搭配类型也是千变万化，甚至主人的个性也会透过这些大大小小的抱枕展露无遗。

4.2.1 形状类型

抱枕的形状非常丰富，有正方形、长方形、圆形、三角形等，根据不同的需求，如置于沙发、睡床、休闲椅或餐椅上，抱枕的造型和摆放要求也有所不同。

1. 正方形抱枕

正方形抱枕在单人椅上独自摆放时，能展现出简约而不失格调的韵味；而当其与其他抱枕巧妙组合时，又能呈现出丰富多元的视觉效果。在搭配过程中，务必关注色彩和花纹的协调统一性，以使整体空间更具和谐美感（图4-12）。

2. 长方形抱枕

长方形抱枕通常被放置在宽大的扶手椅上，为欧式和美式风格的室内设计增添一份温馨和舒适感。不仅如此，长方形抱枕还可以与其他类型的抱枕进行组合使用，创造出更加个性化和多样化的室内装饰效果。

3. 圆形抱枕

圆形抱枕越来越受到人们的青睐。它们的有趣造型不仅能为室内空间增添一份生动活泼的气息，而且还可以作为点缀抱枕来突出主题。除了圆形抱

图4-12 正方形抱枕

图4-12：色彩丰富的正方形抱枕可以为室内空间增添更多的温馨和舒适感。它们柔软、舒适，可以让人放松身心。无论是读书、工作，还是与家人朋友相处，这些抱枕都可以让人感受到爱和关怀。可在沙发上放置色彩丰富的正方形抱枕，为家人提供舒适的靠垫。

图4-13 对称法摆放

图4-13：具体摆放时根据沙发的大小摆放奇数抱枕，左右抱枕的形态、角度等形成对称，同时兼顾色彩和款式对称。

枕，还有其他各种几何形和立体的卡通造型抱枕，如椭圆形抱枕，也能为家居装饰带来更多的选择。

4.2.2 摆放原则

1. 对称法摆放

想让几个抱枕看起来更加美观和舒适，可以尝试将它们对称摆放。这种方法可以避免抱枕之间造成拥挤和凌乱感，同时还能营造出一种整洁有序的氛围。无论将抱枕放在沙发上、床上还是飘窗上，都可以为空间增添一份美感和温馨（图4-13）。

2. 不对称法摆放

如果觉得将抱枕对称摆放显得有些单调乏味，可以尝试两种更为独特的非对称摆法。

（1）"3+1"摆放。具体操作是在沙发的一侧放置三个抱枕，而在另一侧放置一个抱枕，这样的布局既保持了整体的平衡感，又增添了一丝独特的韵律感（图4-14）。

（2）"3+0"摆放。这种摆放方式尤其适合于家中沙发为古典贵妃椅造型或者沙发尺寸较小的情况。通过在贵妃椅的一侧放置三个抱枕，另一侧则不放置，可以更好地突显贵妃椅的独特造型，同时也能营造出一种轻松、自由的生活氛围（图4-15）。这样的摆放方式不仅让抱枕成为空间的亮点，更是为整个家居环境增添了一种别样的艺术气息。

3. 远大近小法摆放

远大近小的意思是，离沙发中心越远的地方，摆放的抱枕应该越大。这主要是基于两个方面的考虑。

（1）从视觉效果的角度来看。离我们的视线越远的物体，看起来就越小；反之，离我们的视线越近的物体，看起来就越大。因此，将抱枕按照从两端到中心、从大到小依次放置在沙发上，可以让沙发看起来更加和谐，避免了因抱枕大小不一而产生的视觉冲突。

（2）从实用性的角度来看。大尺寸的抱枕放在沙发两侧的边角处，可以有效地解决沙发两侧坐感不佳的问题。这是因为沙发两侧的坐垫往往较硬，而大尺寸的抱枕可以起到很好的填充作用，使得坐在沙发两侧的舒适度得到很大提升。而将小尺寸的抱枕放在沙发中间，则是为了避免它们占据过多的沙发空间，让人感觉只能坐在沙发边缘（图4-16）。

4. 里大外小法摆放

有些沙发座位的进深较为宽敞，这时抱枕常常被用来作为靠背的补充。面对这种情况，我们通常需要从外到内摆放多层抱枕，布置的过程中要遵循"由大到小"的原则。具体来说，就是在离沙发靠背最近的位置放置较大型的方形抱枕，然后在其间放置相对较小的方形抱枕，最内层再适当增加一些小巧的腰枕或糖果枕。这样一来，整个沙发区域不仅显得层次分明，而且最大限度地提升了沙发的舒适度（图4-17）。

图4-14 "3+1"摆放

图4-14：这种组合方式看起来比对称的摆放更富有变化。"3+1"中的"1"和"3"多放置在沙发两侧，款式可具有差异，形成一定的对比变化。

图4-15 "3+0"摆放

图4-15：由于人们总是习惯性地第一时间把目光的焦点放在右边，因此在将3个抱枕集中摆放时，最好都摆在沙发的右侧。

图4-16 远大近小法摆放

图4-16：将大抱枕放在沙发左右两端，小抱枕放在沙发中间，视觉上给人的感觉会更舒适。中间两个小的抱枕与沙发颜色一致，外侧的则不同，有利于集中视觉中心。

图4-17 里大外小法摆放

图4-17：整体软装风格为东南亚风格，藤制桌椅的运用，要求其布艺也相对偏向自然风。大地色系列的条纹小枕，搭配酒红色大抱枕，层次分明，风格一致，给人满满的自然气息。

> **— 补充要点 —**
>
> **靠垫与抱枕的区别**
>
> 靠垫和抱枕已经成为许多家庭生活中的必备物品。它们不仅能够有效地调节人体与座位、床位的接触点，为人们提供更为舒适的休息角度，从而大大减轻疲劳，还能为生活增添一抹亮丽的色彩。
>
> 靠垫可以轻松应对各种场合和环境。在卧室的床、沙发上，它们是提升舒适度的得力助手；在地毯上，靠垫更可以临时充当座椅，为生活带来无尽的便利。除此之外，靠垫的装饰作用亦不可小觑，无论是色彩斑斓的图案，还是别具一格的设计，都能为家居空间增添独特的个性魅力。
>
> 抱枕虽然体积仅有一般枕头的一半大小，但却能发挥巨大的作用。抱在怀中，它们既能保暖，又能提供一定程度的保护，给人带来温馨的舒适感与抚慰感。如今，抱枕已逐渐成为家居使用的常见饰物，甚至在汽车内饰中，也成为不可或缺的必备物品。

4.3 床品

床品作为我们日常生活中不可或缺的一部分，对于我们的舒适度、健康和幸福感具有至关重要的作用。

4.3.1 床罩

运用巧妙的遮盖技巧，将床罩覆盖在床铺上，可以使卧室的空间显得简洁而美观。床罩的面料选择丰富多样，包括硬质的花棉布、色织条格布、提花呢、印花软缎、腈纶簇绒、丙纶簇绒以及泡泡纱等。其中，泡泡纱床罩以其色彩鲜艳、图案独特而受到许多人的喜爱。它的多彩条纹能弥补室内色彩的不足，而且其清晰的条纹和起泡的布面，与平滑坚硬的墙面形成了鲜明的对比，为卧室增添了一份独特的艺术气息。

床罩是平铺覆盖在被子上的，因此在制作床罩时要根据床的大小和式样来决定选材。按照床的高度，床罩的边缘应该垂至接近地面，这样既能保证床罩的覆盖效果，又能使床罩的下摆与地面保持一定的距离，避免因频繁的接触而导致磨损。这样的细节考虑，既体现了人们对生活的热爱，也展现了设计师对美的追求（图4-18）。

4.3.2 床单

床单、枕巾和被子共同演绎了一幅和谐的生活画卷。首先映入眼帘的是床单，它以淡雅的图案和色彩，为整个卧室奠定了温馨、舒适的基调。床单的颜色选择，无疑是整个卧室的灵魂所在，既要符合主人的审美，也要与卧室的整体风格相协调。

近年来，自然色越来越受到时尚潮流的追捧，如沙土色、灰色、白色和绿色等,这些自然色调给人一种宁静、放松的感觉。在这个卧室中,床单、被套、枕套、床罩等多件套的颜色基本一致,形成了一种和谐的美感。然而,全套床上用品并不总是能够一次性换洗,这就为自由搭配提供了无限的可能性(图4-19)。

4.3.3 被面与被套

随着时代的发展,现代居室中越来越多地采用素色被套,将传统图案的被面逐渐淘汰。素色被套简洁大方,易于清洗,更符合现代人的生活节奏和审美需求。这种改变,不仅体现了人们生活品位的提升,也反映出我国纺织技术的不断进步和家居用品的日新月异(图4-20)。

4.3.4 枕套与枕芯

枕套是保证枕头清洁卫生的床上织物,同时也是装点卧室的艺术品,它的面料选择以质地轻柔为佳。枕套的色彩、质地、图案等元素都应该与床单相协调或相近。随着床罩潮流的变迁,枕套的设计也日新月异:镶边的、带穗的;双人枕套与单人枕套,各类款式琳琅满目。枕套的种类繁多,包括网扣、绣花、挑花、提花、补花、拼布等,这些都可根据其他床上用品的选择进行配套布置,以达到整体的和谐与美感。它们的存在,犹如画龙点睛之笔,让卧室焕发出独特的魅力(图4-21)。

图4-18 床罩

图4-19 床单

图4-18:棉质床罩是最常见的床罩材质,具有柔软、舒适、吸湿性强等特点。棉质床罩可以根据个人的喜好和需求,选择不同的图案和颜色,为卧室增添温馨。

图4-19:卧室内如果不采用床罩,那么床单就会在卧室中起主导装饰作用,故要仔细考虑床单的色调、图案、纹理,使之与卧室环境相协调。

图4-20 纯棉被套

图4-21 枕套

图4-20:被套一般都选用纯棉材料,因为被套和人的肌肤贴近,纯棉制品吸汗、透气且具有冬暖夏凉的触感。绿色与灰色的色彩搭配,使空间更加安静、沉稳,利于营造一个良好的睡眠环境。

图4-21:枕套搭配非常灵活,可以与任何类型的床垫、枕头和床单搭配使用。颜色较为跳跃的枕套,可放置在纯色的床单上,使原本单一的室内空间变得更有活力。

4.4 地毯

地毯作为环境空间中不可或缺且至关重要的软装饰品，其地位举足轻重。它不仅时尚美观、触感柔软舒适，而且还能为室内空间增添独特的个性。以往困扰人们的地毯清洁和保养问题，随着时代的进步与发展，已经成为轻而易举的事。

4.4.1 手工编织地毯

中国传统手工织毯历史悠久，编织工艺独具匠心，图案丰富精美，在国际上享有极高的声誉，它不仅是实用工艺品，还是民族文化的载体。手工编织地毯毯面造型丰富、立体感强，经久耐用，具有很高的使用价值、艺术价值和收藏价值。手工地毯所使用的编织材料一般为羊毛、棉、麻、真丝等天然纤维，前后经过图案设计、配色、染纱、上经、手工打结、平毯、片毯、洗毯、投剪、修整等十几道工序加工制作而成。如此烦琐的工艺，使得织造一条手工地毯的时间需要几个月到一两年不等，图案精美且结构密实的毯面能使手工地毯的使用寿命延长到几十年甚至上百年（图4-22）。

4.4.2 手工枪刺胶背地毯

手工枪刺胶背地毯是在平针地毯的基础上发展而来的，它把针码加细，由矮针做成高针，毛圈套在扎针时被割成栽绒状，后期经过片剪和化学水洗，并在毯背涂胶挂布，在外观上，近似于手工打结地毯。其主要的生产工序包括图案设计、配色、染纱、放稿、挂布、扎毯、涂胶、挂底布、平毯、手工剪花、洗毯、修整等（图4-23）。传统手工打

（a）

（b）

图4-22 手工藏毯

图4-22（a）：藏毯是青藏高原特有的民族手工艺品，也是藏族群众生活的必需品，历经千年的传承和发展，以其独特的民族风格、丰富的纹样图案和精湛的工艺技术，与波斯地毯、土耳其地毯并称为世界三大名毯。

图4-22（b）：藏毯的编制原料为西藏地区的藏系羊毛。藏系羊毛只产于青藏高原，具有光泽度高、纤维粗长、弹性佳、耐酸性强等优点，是织做手工藏毯不可替代的原料。藏毯采用手工纺线、植物染色、手工编织等工艺制作而成。藏毯所用手工纱线，是用传统的植物染料经加工染制而成。植物染色的纱线色泽温润自然，色彩丰富，且不脱色，利于环保。

结地毯漫长的工期以及高昂的人工成本，已经无法满足现代社会的普遍需求，机织地毯因为受机器工艺限制导致花色与毯面效果相对单一，无法提供更多的艺术化和个性化选择。而枪刺地毯拥有超强的艺术表现力与设计包容性，并且成本可控，是我国地毯出口的主要产品之一，在国内也是中高端定制的理想之选。另外，随着视频科技的迅速传播，枪刺地毯的设计制作在国内外成为一种现代手工艺术的时尚风潮，引申发展成为一种既传统又时尚的纤维艺术表现形式（图4-24）。

4.4.3 机制地毯

机制地毯生产效率高、生产成本低，能够满足现代市场需求，成为全球范围内的主流地毯产品。机制地毯分为机织地毯、簇绒地毯、印花地毯等。

1. 机织地毯

机织地毯包括威尔顿地毯和阿克明斯特地毯，主要是使用地毯织机，通过经纬编织使纱线形成栽绒的绒头。威尔顿地毯和阿克明斯特地毯同属于机织地毯，但是生产方式有所不同，威尔顿织机主要用于家用块毯的生产，阿克明斯特织机主要用于生产大花纹图案的满铺地毯、块毯及不同幅宽的商用地毯，其生产效率低于威尔顿地毯，但是编织结构更加稳定，色彩更加丰富，能够达到国际重量级商用地毯标准，是一种非常重要、使用率非常高的商用空间地面铺物材料。地毯是星级酒店中不可缺少的地面铺物材料，它具有其他地面铺物材料所不具备的实用性和审美优势（图4-25）。

2. 簇绒地毯

簇绒地毯是将绒头纱经过钢针插植在地毯底布上，然后经后道上胶握持绒头而成。这种地毯生产效率较高，与机织威尔顿地毯和阿克明斯特地毯相比价格低廉，但这种地毯图案花色较少，主要编制结构为开绒与圈绒的不同组合（图4-26）。

3. 印花地毯

印花地毯的坯毯是用簇绒机织造而成，先用簇绒机织出原白地毯，后在印花机上印制各种图案。该类地毯主要用于酒店的走廊、公共区域等，图案多样，色彩丰富，印花地毯可达到与提花地毯相同的视觉效果（图4-27）。

图4-23 手工枪刺胶背地毯设计过程

图4-23：枪刺地毯的设计过程为：画稿—枪刺—平毯、片剪。

图4-24 手工枪刺胶背地毯

图4-24：纤维艺术作品《春晓》，尺寸：直径240cm，工艺：手工枪刺、手工片剪，材料：羊毛、丝。

（a）威尔顿地毯　　　　（b）阿克明斯特地毯

图4-25　机织地毯

图4-25（a）：威尔顿地毯主要用作工艺块毯，图案细腻精美，风格多样，用于织造的纤维材料种类丰富。

图4-25（b）：阿克明斯特地毯主要用作商用空间的满铺地毯、块毯，是机织地毯中的高档产品，其图案设计的创新需要置入整体空间系统中考察它的艺术性、主题性、展示性、创新性和整体性。

图4-26　簇绒地毯

图4-27　印花地毯

图4-26：簇绒地毯的毯面结构有圈绒、割绒两种，可以根据图案要求做不同的工艺搭配，比如高低圈绒、高低割绒、高低割绒圈绒，适用于使用频率较高的区域，如酒店客房等。簇绒地毯可以定制颜色、图案和绒高，性价比相对较高。

图4-27：印花地毯图案丰富，色彩多样，相较于其他机制地毯种类而言，具有较强的设计灵活性与包容度，生产效率高，交货周期短，适用于快消和商业采购需求。但毯面的艺术品位与工艺价值略低。

4.5　餐桌布

为了营造和谐统一的居室空间，许多人会为餐桌铺设有格调的桌布或桌旗。这样既美化了餐厅环境，又为用餐营造出温馨舒适的氛围。在挑选餐桌布艺时，需关注其与餐具、餐桌椅的颜色搭配，以及与家中整体装饰风格的协调。

4.5.1　根据设计风格搭配

简约风格的餐厅选择桌布的空间很大。如果餐厅的整体色彩过于单一，那么色彩鲜艳的桌布就能让人眼前一亮，打破单调，增添活力；田园风格的餐厅，则适合选择格纹或者小碎花的桌布，清新的图案与色彩仿佛让人置身于乡间小道，随意而自然；中式风格的餐厅，青花瓷、福禄寿喜等富含中国元素的设计图案，传统的绸缎面料，再加上精美的刺绣，会让人不由得感叹其赏心悦目；而深蓝色提花面料的桌布，其含蓄高雅的气质，与法式乡村风格相得益彰（图4-28）。

4.5.2 根据用餐场合搭配

在各种正式的宴会场合中，桌布的选择至关重要。为了让宴会显得更加大方、高贵，应该选择质感较好、垂坠感强、色彩较为素雅的桌布。这种桌布不仅可以营造出庄重典雅的氛围，还能够让宾客们更加专注于美食和交流，而不会被过于花哨的桌布所分散注意力。

无论是正式的宴会还是随意的聚餐，桌布的选择都应该考虑到场合的氛围和主题。选择合适的桌布，会让整个宴会变得更加完美、难忘（图4-29）。

4.5.3 根据色彩运用搭配

如果选择使用深色的桌布，那么与之搭配的餐具最好是浅色系的，深色的桌布能够很好地突显餐具的质感和轮廓。桌布色彩的纯度和饱和度越高，它就越能吸引人们的目光。然而，过高的纯度和饱和度有时候也会给人带来一种过于刺激的视觉感受。因此，在使用这种桌布的时候，一定要在其他位置也使用同色系的饰品进行呼应和烘托，同时需要运用一定量的间色进行视觉的中和（图4-30）。

图4-28 田园风格桌布

图4-28：在选择田园风格桌布时，需注重颜色和材质。颜色方面，可以选择一些明亮的颜色，比如米白色、绿色等，这些颜色可以让人感受到阳光和清新的气息。材质方面，可以选择一些天然材料，如亚麻、棉麻等，这些材料可以让人们感受到自然的触感和质地。

图4-29 色彩鲜艳的桌布

图4-29：色彩鲜艳的桌布较容易抓住人们的目光，一般用于户外餐饮空间或是聚会，烘托活跃、兴奋的氛围。

4.5.4 根据餐桌形状搭配

桌布的搭配是一门艺术，它可以让餐桌焕发出独特的魅力。如在圆形餐桌的搭配中，首先在底层铺设一款带有精致绣花边角的大桌布，这将为餐桌增添一份华丽与优雅。而在其上方，再铺上一块小巧的桌布，这样的搭配将会让餐桌显得既大气又别致。对于圆形餐桌，应选择比桌子直径大600mm的桌布，这样可以确保桌布能够完全覆盖住桌面，并且周边有适当的垂落。例如，如果桌子的直径是900mm，那么就需要选择一款直径为1500mm的桌布（图4-31）。

对于正方形餐桌，首先铺设一款正方形的桌布，然后在桌布上方再铺上一块小巧的正方形桌布。在铺设小桌布的时候，可以尝试更换方向，将直角对着桌边的中线，这样可以让桌布的下摆呈现出一个三角形的花样，增添一份别致的美感。方桌的桌布，应选择大气的图案，避免使用单一的色彩。此外，方桌布的尺寸一般是四周下垂150~350mm。对于长方形餐桌，可以考虑使用桌旗来装饰餐桌，它可以与素色的桌布以及同样花色的餐垫搭配使用，为餐桌增添一份独特的魅力（图4-32）。

图4-30 深色的桌布

图4-31 圆形餐桌桌布搭配

图4-32 桌旗

图4-30：深色桌布相较于浅色而言，更耐脏，便于减少清洁的时间与次数。但使用深色桌布时需要考虑与室内设计风格相一致，使空间整体和谐。

图4-31：纯色拼接的桌布简约大方，易于搭配，适合日常使用。圆形餐桌桌布的图案可以选择简约的抽象图案，抽象图案能增加桌布的时尚感，让整个餐厅的氛围更加和谐。

图4-32：长方形餐桌，它本身简约而时尚。桌面上铺着一条精美的桌旗，让人眼前一亮。这不仅增加了视觉效果，还可满足不同场合的需求，可随桌布颜色、样式变化而进行改变。

- 补充要点 -

意大利布艺风格

意大利的床品就像其文化一样，蕴含着文艺复兴时期的艺术韵味。意大利床品的印染技术堪称全球顶尖，其活性印染工艺使得床品色彩鲜艳、细节精致。如果仔细观察，会发现床单上的颜色就像手工绘制的一样，每一笔每一划都清晰可见。高品质的意大利印染床品还保持着即使清洗上千次也不会褪色的纪录，因此，把它们当作艺术品来珍藏，也毫不夸张。

本章小结

在软装设计中,布艺以其柔软、灵活的曲线和丰富的色彩与材质,为空间增添了温馨与活力。它们凭借独特的纹理、图案和配色,强化了室内设计风格,成为展现居住者个人品位和爱好的重要元素。选择好适合空间的布艺类型,其色调无论是柔和还是有鲜明的视觉冲击力,都能为家居增添无限魅力。

课后练习

1. 窗帘有几种类型?
2. 卧室中有哪些布艺装饰?
3. 总结一下不同地毯的装饰作用。
4. 课后查阅相关资料,比较我国与外国布艺发展的情况,简述其区别。
5. 布艺在软装设计中有什么作用?
6. 观察生活中的卫生间、餐厅等区域,思考其空间有哪些布艺装饰。
7. 选择一种风格,尝试自己设计一套关于布艺的装饰方案,如颜色的选择、材质的搭配。作业数量:1份。制作PPT,展示设计内容与设计想法。建议完成课时:4课时。
8. 查阅新闻资料图片,观看人民大会堂举办国宴时的软装风格及搭配方式。

第5章 装饰艺术品与灯饰设计

识读难度:★★★★★

重点概念:书画、花艺、器皿摆件、灯饰

章节导读

装饰艺术品是环境空间中不可或缺的元素,尽管它们体积小巧,却能发挥画龙点睛的效果。环境空间被精美的工艺饰品所装点时,才能真正展现出其独特的风格和魅力。同时,灯饰也扮演着举足轻重的角色。在很多情况下,一款设计独特的灯饰往往会成为空间的焦点,吸引众人的目光。每一个灯饰都应该被视为一件独具匠心的艺术品,它所投射出的光线可以使空间的格调得到极大的提升,让整个空间焕发出新的生机(图5-1)。

图5-1 服装店灯饰设计

图5-1:在服装店中,可以对店中热门商品进行灯光修饰,以吸引顾客的注意力。同时,为了使整个空间看起来更加舒适,灯光的分布应尽量均衡。具体在灯具的位置、大小和颜色等方面进行调整,使光线在整个空间中分布均匀。

5.1 书画

5.1.1 书法作品

书法作品历来都是中式软装风格室内装饰和陈设的璀璨瑰宝。书法的装裱过程独具匠心,它以纺织物或纸为基底,将书画作品镶嵌于精美的边框之中，再配以木质轴、杆等构件，以便对书画进行精心的装潢和妥善的保存。书画装裱样式有立轴（图5-2）、横批、屏条、对幅、镜片（图5-3）等。

5.1.2 装饰画

在现今的市场上，我们可以找到各种各样的装饰画，它们各具特色，为我们的生活空间增添独特的艺术韵味。这些画作包括油画、水彩画、烙画、镶嵌画、摄影画、挂毯画、丙烯画、铜版画、玻璃画、竹编画、剪纸画、木刻画等。每一种装饰画都有其独特的表现题材和艺术风格。选择装饰画，我们需要结合自己的审美需求和家居环境，挑选出最适合的画作。

目前市面上的装饰画大体上分为：热情奔放型（图5-4）、古朴典雅型、贵族气质型、现代新贵型、现代时尚型（图5-5）、古色古香型六种。

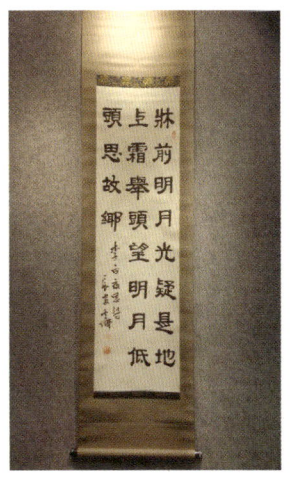
图5-2 书画立轴装裱样式

图5-3 书画镜片竖式装裱样式

图5-2：书画立轴装裱指的是将书法作品竖立起来进行展示，顶部布置灯光方便人们看清楚内容。这种装裱方式能展示书法作品的力度和韵律。

图5-3：书画镜片竖式装裱样式是一种具有较高艺术价值和文化内涵的书画衍生品。在创作过程中，要注重细节的把握，努力创作出满意的作品。通过精心的设计和布置，镜面的效果更能突显书画作品的高雅。

图5-4 热情奔放型装饰画

图5-5 现代时尚型装饰画

图5-4：这类装饰画通常具有鲜明的色彩、丰富的笔触和富有感染力的情感表达。它们常常能够将我们生活中的点滴或是神话故事，通过独特的艺术手法，呈现在画布上，最终形成具有强烈个性的画作。这类装饰画一般会放置在偏年轻化的室内空间中。

图5-5：现代时尚型装饰画的设计元素往往使用简约的线条、流畅的曲线、明快的色彩等。这些元素可以为画面增添时尚感，让人们在欣赏画面时产生共鸣。这类装饰画一般会放置在以现代主义风格为主的室内空间中。

5.2 花艺

花艺能巧妙地对室内空间进行装点，使空间设计能够满足人们对美的渴望和追求。花艺装饰是一种集大成者的艺术形式，其质感和色彩的变换对室内环境起着至关重要的影响。

5.2.1 花艺的装饰作用

合理配置的花艺，不仅可以在空间中表达情感，营造出舒适的生活氛围，还能反映出人们的审美格调和艺术品位。

1. 彰显个性

将花艺的色彩、形态、摆放方式与空间品位相融合，可以使空间变得优雅、简约或混搭，风格各异，充满个性，激发人们对美好生活的向往（图5-6）。

2. 赋予生机

在繁忙的城市生活中，人们往往难以享受到大自然的宁静和清新。而花卉的运用，能让人们在室内空间中贴近自然，放松身心，享受宁静，缓解心理压力和消除工作带来的疲惫（图5-7）。

3. 划分空间

在装饰过程中，利用花艺的摆放来规划室内空间，具有极高的灵活性和可控性，能有效提高空间利用率。用花艺划分空间还能展现出平淡、含蓄、单纯、空灵的美感，花艺的线条、造型可以增强空间的立体感（图5-8）。

图5-6 充满童趣的花艺设计

图5-7 花艺增添了室内生机

图5-8 用花艺划分空间

图5-6：在儿童房或者是儿童游玩场所，可根据周边的主色调，放置相对应或相近的花艺，为空间新添一份色彩。

图5-7：花艺本身具有生命力和活力，可以为室内空间增添生机。在室内设计中，花艺与家具、墙面等元素相互搭配，为空间增添生活气息。

图5-8：根据室内空间的流线，选择花艺装饰的布置方式。如在玄关处，可以选择一些迎宾的花艺，如天堂鸟、蝴蝶兰等；在走廊区域，可选择散尾葵盆栽等植物进行放置。

5.2.2 花艺布置重点

花艺装饰不仅能够极大地提升生活环境品质，还能给人带来愉悦的心情。然而，要想在具体应用中充分发挥这种艺术的装饰效果，就需要根据花艺装饰的品类、设计风格以及环境的整体氛围和功能需求，进行综合考量和选择。

1. 空间格局

花艺装饰在各种环境中呈现出不同的视觉效果。例如，在玄关区域，悬挂式的花卉艺术品既能够节省空间又能给人留下深刻印象（图5-9）。为了达到最佳效果，可选择简约而优雅的插花作品，这样既能起到装饰作用，又不会因为过于烦琐而使玄关空间显得局促和拥挤。

在卫浴间摆放花艺装饰，能为人们带来愉悦的体验。然而，由于该区域经常接触水分，因此在选择花瓶等容器时，应特别注意材质。例如，玻璃瓶、陶瓷瓶是很好的选择（图5-10），它们不仅防水，而且易于清洁。另外选择花卉品种时也应选择喜水性植物。

2. 感官效果

在进行花艺选择时，需深思熟虑，充分考虑到人的感官需求。例如，在餐桌上的花卉布置，不宜选用气味过于浓烈的鲜花或干花，因为这样的气味可能会对用餐者的食欲产生不良影响（图5-11）。

在卧室、书房等私人空间，更倾向于选择淡雅的花材，目的是让居住者感受到心情的愉悦，同时也有助于舒缓紧张的神经，减轻疲劳（图5-12）。

图5-9 玄关花艺

图5-10 卫生间花艺

图5-11 餐桌花艺搭配

图5-9：玄关作为住宅空间中的重要组成部分，是主人与宾客交往的第一个场所，也在人进门后给人留下第一印象。因此，玄关花艺的设计应着重考虑其艺术性、个性和装饰性，可种植吊兰等植物，以营造温馨、舒适的氛围，给人以美的享受。

图5-10：卫生间花艺的首选是那些容易养护、清新淡雅的植物，例如绿萝、芦荟等。这些植物不仅能够美化环境，还能有效净化空气，减轻我们的疲劳。同时，绿植有助于调节室内的湿度，保持卫生间空气湿润，为我们的生活带来舒适的体验。

图5-11：通过选择与菜肴相辅相成的花卉、运用色彩搭配和结合食材特性等技巧，我们可以让餐桌花艺搭配更加生动、精彩。让人在享受美食的同时，感受到餐桌的魅力。

这样的花艺设计,将更加符合人们的需求,使每个空间都焕发出独特的魅力。

3. 空间风格

在花卉艺术的领域中有两种截然不同的风格:东方风韵(图5-13)与西方风华(图5-14)。东方风韵的花艺创作更注重表现一种悠远、清雅的意境,因此,它倾向于采用柔和的色调,以营造出一种宁静、和谐的氛围。相比之下,西方风华的花艺则更加强调色彩的装饰效果,如同绚丽的油画作品,富有层次感和浓厚的艺术气息。

4. 花材材质与花艺的选择

花艺材料可以分为:鲜花、干花、仿真花等。

(1)鲜花。鲜花生美,源自自然,包含鲜花、鲜切叶和新鲜水果。鲜花之色,艳丽明媚,光合作用带来清新空气,花香四溢,传递出大自然的生动气息。然而,鲜花生美却如烟花般短暂,保存期限短,且成本较高(图5-15)。

(2)干花。干花生韵,由新鲜植物加工而成,

图5-12 卧室花艺搭配

图5-12:卧室作为睡眠的地方,需要营造一个安静、舒适的环境。因此,卧室花艺应该选择能够带来安宁感、让人放松身心的品种。

图5-13 东方风格花艺

图5-13:东方风格花艺注重简约与雅致,尽量减少不必要的装饰,保持原材料的天然与纯净。东方花艺在布置上擅长运用借景手法,使花艺与室内环境相融合,增加空间的美感。

图5-14 西方风格花艺

图5-14:西方风格花艺强调色彩的搭配,各种花卉、绿植、装饰物等元素相互映衬,形成和谐、统一的画面。在色彩搭配上,可以运用对比色、相邻色、三分法等原则,使室内空间更具视觉冲击力。

图5-15 鲜花

图5-15:鲜花一旦被采摘后,它们的生命周期都很短暂,通常在数天内就会凋谢。在盛大而隆重的庆典场合,必须使用鲜花,这样才能更好地烘托气氛,体现出庆典的品质。

保存时间长,具有独特的艺术风格。干花保留了新鲜植物的香气,花的色泽和形态得以完美保留,但干花无法传递鲜花所诠释的生命之美(图5-16)。

(3)仿真花。仿真花,由布料、塑料、网纱等材料制成,是模仿鲜花的人造花(图5-17)。仿真花既能再现鲜花之美,价格实惠且保存时间长,却无法拥有鲜花生美和干花生韵的自然气息。

5. 采光方式与花艺的选择

不同光线条件下的照射,会引发人们不同的心理反应。特别是在较大的空间中展示大型花艺作品时,利用聚光灯的效果,可以使作品更加突出,更加引人注目。这种光线处理方式,不仅可以使花艺作品更加生动,而且还能进一步突显其独特的艺术魅力,让整个空间都充满生机与活力(图5-18)。

5.2.3 花器选用

1. 花器种类

尽管花器本身无法媲美鲜花的娇艳与美丽,但缺少花器的陪衬,再美的鲜花也会失色不少。在家居装饰的世界里,花器种类繁多,让人目不暇接。从材质上来看,我们可以找到玻璃(图5-19)、陶瓷(图5-20)、树脂(图5-21)、金属(图5-22)以及草编(图5-23)等各种花器,它们各具特色,为不同的花卉搭配提供了无限可能。

图5-16 干花

图5-16:干花通常是单一的颜色,如红色、黄色、白色等,且质地较为脆弱。在光线昏暗的空间,可以选择干花,因为干花不受采光的限制,而且又能展现出干花本身的自然美。

图5-17 仿真花

图5-18 灯光与花艺的配合

图5-19 玻璃花器

图5-17:仿真花通常是由各种材料制成,如塑料、布料、金属等。然而,正是这些简单的材料,在经过巧妙的构思和精细的制作后,变成了我们所熟知的美丽花卉。

图5-18:在昏暗的环境中,花艺需要灯光作为辅助,再现花艺的美丽。光线是从花艺的下方照射,这种方式在西式餐厅使用得较为频繁,会使花艺呈现出一种飘浮感和神秘感,增添室内氛围。

图5-19:玻璃花器由透明或彩色的玻璃制成,可以让鲜花的色彩更加鲜艳,形态更加优美,放于室内空间,可为室内增添色彩和生气。在住宅空间中,可以使用玻璃花器来装饰客厅、卧室、儿童房等。

2. 花器搭配方法

在选择花器时,可以考虑那些造型简洁、图案素雅且无反光效果的款式。例如,原木色陶土盆、黑色或白色陶瓷盆等,都是很好的选择。这些简单的设计不仅能够突显花卉艺术的魅力,更能够让花卉成为空间中的焦点,为整个室内环境增添一份生动与活力(图5-24)。

图5-20 陶瓷花器

图5-21 树脂花器

图5-22 金属花器

图5-20:陶瓷花器多用如高温釉、无铅釉等制作而成,以保证花器的耐腐蚀性和观赏性。陶瓷花器在造型上,借鉴了现代设计理念,力求简约、实用和美观;在烧制工艺上,多采用先进的成型工艺,以确保花器的稳定性。

图5-21:由于树脂的特性,花器表面通常具有光泽,摸起来温润、光滑。树脂本身具有一定的透明度,因此在染色过程中,色彩能够自然渗透进花器的表层,使花器呈现出丰富的层次感。这使得树脂花器在视觉上更加立体和生动,让人仿佛置身于大自然中,感受季节的变迁和生命的律动。

图5-22:金属花器的种类繁多,造型、颜色、材质等元素各不相同,但都具有独特的魅力。例如,铜、铁、铝等金属花器以其豪放、沉稳的气质而著称。

图5-23 草编花器

图5-24 原木色陶土盆

图5-23:草编花器是一种表达创造力和想象力的装饰品。编制草编花器需要创造力和想象力,利用手工编织的方式,使花器看起来更加美观与独特。花器的形状、颜色和图案都取决于编制者的意愿和技能。

图5-24:原木色陶土盆,简约而大方,造型独特。它是由泥土经过精心的烧制而成,所以表面有些许凹凸不平,显露出一种朴实无华的美感。原木色陶土盆可搭配色彩鲜艳的花艺进行装饰,从而进一步突显花艺的艳丽。

第 5 章
装饰艺术品与灯饰设计

- 补充要点 -

如何选择花器

选择花器的原则是考虑其摆放的环境。只有当花器与家居环境相得益彰，才能营造出充满生机的氛围。在挑选花器时，还需考虑花器与花卉的搭配效果，包括花枝的长度、花朵的大小、花的颜色等多个方面。

短花枝适合与矮小花器相搭配，这样的组合能营造出一种紧凑而和谐的美感。而长花枝则与细长或高大的花器更为匹配，这样的搭配能让长花枝得以伸展，展现出其独特的韵律美。在选择花朵较小的花卉时，应搭配瓶口较小的花器，这样能更好地突显花朵的精致和娇小。而对于瓶口较大的花器，则适合搭配花朵较大或花束集中的花卉，这样的组合能让花朵在视觉上更为突出，增加整体的观赏性。

在材质方面，玻璃花器因其透明和纯净的特性，可以与各种颜色的花卉进行搭配，无论是鲜艳的红色，还是柔和的粉色，都能与之完美融合。陶瓷花器则不适合与颜色过于浅淡的花卉搭配，因为这样可能会让整体效果显得过于单调和缺乏层次感。金属花器也不适合搭配颜色过于浅淡的花卉，因为金属的质感和光泽可能会让浅色的花卉显得黯然失色。实木花器以其自然的纹理和温暖的色调，适合与各种颜色的花卉进行搭配，营造出一种温馨而和谐的氛围。

5.3 器皿摆件

5.3.1 厨房餐具

市场上的餐具琳琅满目、品类繁多，根据材质大致可以分为陶制品、骨瓷制品、白瓷制品、强化瓷制品、强化琉璃瓷制品、水晶制品、玻璃制品等（图5-25）。

图5-25：餐具软装设计，旨在为我们的生活增添一份品质感。从材质的选择上，可以选择更加健康、环保的餐具；从花色搭配上，可以选择与室内设计相一致的餐具，从而达到视觉上的统一。因此，餐具不仅能够满足我们的实用需求，还可以满足我们的精神需求。

图5-25　餐具软装设计

5.3.2 装饰摆件

装饰摆件是用于装点环境的物品，根据不同的材质，可以将其划分为木质、陶瓷、金属、玻璃和树脂等类别。

1. 木质装饰摆件

木质装饰摆件以木材作为主要原材料，经过精心的设计和加工，形成的一种充满原始自然韵味的工艺饰品（图5-26）。触摸它们，仿佛能感受到树木的年轮和生命的律动。

2. 陶瓷装饰摆件

陶瓷装饰摆件制作过程繁复，即使是近现代的陶瓷工艺品，也因其独特的美感和艺术价值，受到了广泛的喜爱（图5-27）。陶瓷摆件，不仅是一种装饰，更是一种艺术收藏。

3. 金属装饰摆件

金属装饰摆件以金属为材料，其结构坚固，不易变形，耐磨性强。其风格和造型可以按照个人喜好随意定制，以流畅的线条和完美的质感为主要特征，几乎可以适用于任何装修风格的家庭（图5-28）。

4. 玻璃装饰摆件

玻璃装饰摆件玲珑剔透、晶莹透明的特性，以及造型多变的特点，受到了人们的喜爱。色彩鲜艳的它们，为室内空间增添了一份独特的活力（图5-29）。

5. 树脂装饰摆件

树脂装饰摆件可塑性强，可以被塑造成动物、人物、卡通等任意形象，以及反映宗教、风景、节日等主题的花园流水造型、喷泉造型等工艺品（图5-30）。树脂摆件以其独特的艺术魅力，为我们的生活空间增添了无限的趣味和想象力。

5.3.3 装饰艺术品布置原则

装饰艺术品的合理布置给人带来的不仅仅是感官上的愉悦，更能健怡身心，提升家居情调。

1. 对称平衡

对称平衡的饰品摆设能够为室内空间增添独特的韵律感和美感。将一些饰品对称平衡地组合在一

图5-26 木质装饰摆件

图5-27 陶瓷装饰摆件

图5-28 金属工艺饰品

图5-26：木质装饰摆件的纹理通常比较细腻，可以展现出木材的质感和纹理美感。不同的木材种类和制作工艺形成的纹理效果也不同，为室内装饰增添更多的个性化和特色。

图5-27：陶瓷装饰摆件，传承了我国古代陶瓷工艺的精髓，设计往往注重细节，如花纹、颜色搭配等。无论是吃饭、还是赏玩，都能让人感受到一种生活的仪式感。

图5-28：金属工艺饰品不仅是一种时尚装饰品，更是一种彰显个人风格和品位的方式。金属工艺的造型可以较快、较好地定制出来，满足各种风格的室内空间。

起，可以让它们成为视觉焦点的重要组成部分。例如，将两个样式相同或者相近的工艺饰品并排摆放，不仅可以创造出和谐的节奏感，同时还能营造出安宁温馨的氛围（图5-31）。

2. 层次分明

在展示装饰艺术品时，需要遵循一个重要的原则：前小后大、层次分明。将小件的饰品放在前排，可以让每个饰品的特色更加突出，让人们在视觉上更加舒适（图5-32）。

3. 尝试多个角度摆放

在布置饰品时，不应奢望一次性就达到完美的效果。相反，可以尝试从多个角度进行调整，寻找到最令人满意的摆放位置。有时将饰品以斜角摆放，其呈现的效果反而会优于正面摆放（图5-33）。

图5-29 玻璃装饰摆件

图5-30 树脂装饰摆件

图5-29：玻璃装饰摆件以其优雅的形态、丰富的色彩和独特的艺术魅力，成为室内空间的常客。在选择玻璃装饰摆件时，可以根据家居风格、个人喜好和摆件的功能来进行搭配。例如，现代简约风格的室内空间可以搭配线条简洁、色彩明快的玻璃摆件；复古风格的室内空间则可以选择图案精美、质感沉稳的玻璃摆件。

图5-30：可塑性强的树脂还能够模仿出各种珍贵木材的质感和纹理，使得树脂装饰摆件看起来更加高贵典雅。同时，树脂装饰摆件的造型丰富多样，可以分为动物、植物等类别。其中，动物造型的树脂摆件栩栩如生，充满生机。

图5-31 对称平衡摆设

图5-32 层次分明

图5-31：对称平衡摆设的特点在于饰品在造型、色彩、材质等方面都呈现出一种对称、平衡的美感。在色彩上，对称平衡摆设多以双色搭配为主，如黑色对白色、深褐色对浅褐色，既突出了对比，又体现了和谐。

图5-32：如一处有多个大小不同的装饰摆件，在摆放时可以大小高低进行排列，例如，矮小的装饰品可放在最前面最中心的位置，往两边依次变高、变大，最终形成高低错落的场景。

4. 同类风格摆放

将各类装饰艺术品按照其独特的风格进行分类，然后从中挑选出同一风格的饰品进行摆放。在同一件家具上，应尽量避免摆放过多的装饰艺术品，最好不超过三种。如果家具是成套的，那么采用相同风格的饰品以及相近的色彩，将会产生更佳的视觉效果（图5-34）。

5. 利用灯光效果

充分利用灯光的效果。不同的灯光以及不同的照射方向，都能展现出饰品独特的美感。暖色的灯光通常会带来柔和温馨的气氛，因此对于贝壳或者树脂等工艺饰品来说，是非常适合的；而对于水晶或者玻璃工艺饰品，冷色的灯光则是更好的选择，因为它能让这些饰品看起来更加晶莹剔透（图5-35）。

6. 亮色单品点睛

当整个空间的硬装色调比较素雅或者深沉时，可以在软装上考虑增加一些亮色元素，以提升整个空间的活力。例如，如果硬装和软装的主色调是黑白灰，那么可以选择一些色彩鲜艳的单品来点缀，以此来活跃整个空间的氛围，给人带来持续的愉悦感受（图5-36）。

图5-33 尝试多个角度摆放

图5-34 同类风格摆放

图5-33：当装饰品为一系列作品且大小相近时，尝试更换它们的朝向和位置，一方面使装饰品不单调，另一方面可以让人们较快地看到饰品的全貌。

图5-34：将同类风格装饰品摆放在一起，可以营造出一种稳定、和谐的视觉效果。例如，可以在玄关柜上放置一组同类型的大象造型的装饰品，从而营造出一种动态的平衡感。

图5-35 利用灯光效果

图5-36 亮色单品

图5-35：在入口区域，往往会选择摆放一盆造型独特的盆栽以及符合装饰风格的椅子等。为了让人们进来后就能感受到家的温暖以及视觉上的放松，一般会选择较为柔和的灯光进行照射。

图5-36：以黑、白、灰三色为主色调的卧室，在视觉上较为单一，在床品上选择深红色的床体作点缀，运用纯度高的色彩，勾勒出一幅极致简约与高级感并存的画卷。

5.4 灯饰

5.4.1 不同造型的灯

灯饰的世界多姿多彩，按照其造型特点，大致可分为吊灯、吸顶灯、壁灯、镜前灯、射灯、筒灯、落地灯、台灯等类别。其中，吊灯、吸顶灯、壁灯、镜前灯、射灯和筒灯都属于固定式灯饰，它们的安装位置固定，不能随意移动。而落地灯、台灯和烛台则属于移动式灯饰，无需固定安装，可以根据需要自由摆放。

1. 吊灯

吊灯的种类繁多，包括单头吊灯和多头吊灯。单头吊灯通常适用于卧室和餐厅，多头吊灯则更适合安装在客厅和酒店大堂等地方。此外，也有一些空间选择将单头吊灯自由组合成吊灯组，以创造出独特的视觉效果。

（1）水晶吊灯。水晶吊灯无疑是吊灯家族中最受欢迎的一员。其风格包括欧式水晶吊灯和现代水晶吊灯两种。在选择水晶吊灯时，不仅要挑选水晶材质，还要考虑其风格是否与整体空间相协调（图5-37）。

（2）烛台吊灯。这种吊灯的设计灵感来自欧洲古典的烛台照明方式。那时，人们会在悬挂的铁艺上放置数根蜡烛。如今，许多吊灯设计都采用了这种款式，只是将蜡烛替换成了灯泡。这种吊灯适合欧式风格的装修，能够突显出庄重和奢华感，但不适合现代简约风格的空间（图5-38）。

（3）中式吊灯。中式吊灯适用于中式风格和新中式风格的空间。其沉稳舒适的设计，能让人从浮躁的情绪中回归宁静。在选择中式吊灯时，需要考虑灯饰的造型以及吊灯表面的图案和花纹是否与空间装饰风格相协调（图5-39）。

图5-37 水晶吊灯

图5-38 烛台吊灯

图5-39 中式吊灯

图5-37：水晶吊灯适用于各种场合。在选择水晶吊灯时，需要考虑房间的大小、装修风格等因素。一般来说，较大的房间适合安装华丽的水晶吊灯，彰显气派与高贵。此外，根据装修风格的不同，可以选择相应风格的水晶吊灯，使整个空间和谐统一。

图5-38：烛台吊灯是一种极具艺术美感的照明装置，它将蜡烛的形象与灯具巧妙地结合在一起，营造出温馨、浪漫的光影空间。

图5-39：中式吊灯的造型丰富多样，有宫灯、莲花灯、蝙蝠灯等，其中以宫灯最为著名。宫灯造型典雅、优美，线条流畅，充满了中国传统文化的韵味。

（4）时尚吊灯。这类吊灯深受年轻人的喜爱，适用于简约风格和现代风格的空间。时尚吊灯款式繁多，材质包括玻璃、陶瓷、水晶、木质、布艺等。在选择时尚吊灯时，可以根据个人喜好和空间风格，挑选最适合的款式。无论是哪种类型的吊灯，都能为我们的生活空间增添独特的魅力（图5-40）。

2. 吸顶灯

作为一种精巧的室内照明器具，吸顶灯以其完全紧贴于室内顶部表面的设计，成为适合作整体照明的不二之选。与高悬在空中的吊灯不同，吸顶灯更善于利用较低的空间，其设计简洁、实用，尤其适用于家居环境。

吸顶灯的种类繁多，各有特色。方罩吸顶灯，其端庄大方的设计，给人一种稳重的感觉（图5-41）。所展示的圆罩吸顶灯，则以其圆润可爱的外观，为室内空间增添了几分活泼与灵动（图5-42）。而尖扁圆吸顶灯、半圆球吸顶灯、扁球吸顶灯以及小长方罩吸顶灯等，无不以其独特的造型，为室内照明带来丰富的视觉体验。

3. 壁灯

壁灯形式多样，如双头玉兰壁灯、双头橄榄壁灯、双头鼓形壁灯、双头花边杯壁灯、玉柱壁灯、镜前壁灯等，各具特色，为家居空间增添无尽风情。挑选壁灯时，结构的稳固性和造型的独特性是主要考虑因素。一般来说，机械成型的壁灯价格较为亲民，而手工制作的壁灯则因其精湛工艺而价值较高。

中高档壁灯中，铁艺壁灯、全铜壁灯、羊皮壁灯等都是备受青睐的选择。其中，铁艺壁灯因其独特的艺术风格和卓越的品质，成为消费者的最爱（图5-43）。

4. 朝天灯

朝天灯是一种极具创意和实用性的照明装置，以其可移动、可携带的特性，以及向上方投射的光线束，为室内空间创造出独特的氛围。其光线经过天花板的反射，形成柔和而又有层次的光照效果，相比吊灯的光照效果，更显得优雅而富有格调。

在软装设计中，朝天灯被广泛应用于卧室墙

图5-40 木质吊灯　　　　　图5-41 方罩吸顶灯　　　　　图5-42 圆罩吸顶灯

图5-40：木质吊灯在设计上既保留了传统的木工艺，又融入了现代设计元素。传统工艺保证了吊灯的质量和稳定性，现代设计则赋予了吊灯时尚感和个性。这种融合使得木质吊灯在满足照明需求的同时，也成为家居装饰的亮点。

图5-41：方罩吸顶灯以简约的方形设计为主，线条流畅、造型优雅。其简洁的线条和纯粹的色彩，使得这种灯具具有很强的现代感，能够轻松融入各种家居风格。

图5-42：圆罩吸顶灯的灯罩一般采用优质有机玻璃材料制成，具有透明度高、耐高温、抗冲击等优点，确保了灯具的使用寿命和安全性。

面和电视背景墙等关键区域，其通过独特的光影效果，为空间营造出温馨、舒适的氛围（图5-44）。

5. 镜前灯

镜前灯是一种专门为镜子提供照明的装置，它的存在极大地提高了照镜子的便利性和舒适度。它一般被固定在镜子上面或旁边，通过提供额外的光线，帮助使用者在照镜子时看得更清晰。在日常生活中，常见的镜前灯有梳妆镜前灯和卫浴间镜前灯。此外，还有一些设计巧妙的镜前灯，它们可以安装在镜子的左右两侧，甚至与镜子融为一体（图5-45）。

6. 筒灯、射灯

筒灯和射灯的主要作用是通过集中光线，突出某个区域的美感，使整个空间显得更有层次和深度。筒灯是一种聚光性能较好的灯具，通常被用于普通照明或辅助照明，如过道、卧室周边以及客厅周边（图5-46）。射灯则是一种高度聚光的灯具，它的光线可以精确地照射到指定的目标，非常适用于突出某个有特色或创新的空间（图5-47）。

7. 落地灯

落地灯是一种既能提供照明，又能营造特定氛围的灯具。它通常与沙发、茶几等家具搭配使用，既能满足照明需求，又能为空间增添一份独特的韵味。然而，落地灯的摆放位置需要注意，最好不要放在高大家具旁边或妨碍活动的区域内。落地灯一般由灯罩、支架、底座三部分组成。灯罩要求简洁大方、装饰性强；落地灯的支架多以金属、原木等材料制成（图5-48）。

8. 台灯

根据使用功能，台灯可分为阅读台灯和装饰台灯。阅读台灯以提供明亮舒适的光线为主要目的，让学习和工作更加高效。而装饰台灯则更注重其美学功能（图5-49）。

图5-43 铁艺壁灯

图5-44 朝天灯

图5-45 镜前灯

图5-43：铁艺壁灯的实用性与耐用性极强，经过特殊处理的铁艺壁灯具有良好的防锈、防腐、耐磨性能，使用寿命长。

图5-44：朝天灯是一种富有民间气息的彩灯，源于古代民间的祭祀活动，逐渐演变成为一种寓意吉祥、喜庆的民俗艺术品。朝天灯的制作工艺精湛，造型独特，具有浓厚的民族风格和地方特色。

图5-45：镜前灯是一种特别设计的照明设备，通常安装在化妆镜的前方，以便为使用者提供充足、均匀、柔和的光线。它的造型千变万化，有简约现代的、复古华丽的、时尚个性的，满足了不同女性的审美需求。

在选择台灯时，我们应将其融入整个空间的设计风格中。比如，简约风格的房间应倾向于选择现代材质的款式，如塑料PVC材料加金属底座，或是纱质面料加水晶玻璃底座，都能体现出简约风格的精致和时尚。而欧式风格的空间，则可以选择木质灯座搭配幻彩玻璃的台灯，或者是水晶的古典造型台灯，这些都能体现出欧式风格的优雅和大气（图5-50）。

图5-46 筒灯

图5-47 射灯

图5-48 落地灯

图5-46：筒灯的设计理念就是"隐藏式"，它可以直接安装在屋顶、墙壁或地板内部，不占用空间，非常适合小户型家居和办公空间。

图5-47：在住宅空间中，射灯可以起到画龙点睛的作用。例如，在客厅的沙发背景墙上方安装一盏射灯，可以使墙面更加立体，增强空间层次感。在餐厅中，安装一盏射灯在餐桌上方，可以使食物更加诱人，增添就餐的乐趣。

图5-48：落地灯造型古典，多以半球形、球形、扇形等为基本造型，强调对称与和谐，适用于中式、欧式等传统风格的家居环境。

图5-49 欧式复古台灯

图5-50 装饰台灯

图5-49：欧式复古台灯的色彩搭配和谐，多以金色、银色、铜色为主，搭配柔和的灯光，营造出温馨、浪漫的氛围。这种色彩的运用，使得欧式复古台灯成为家居空间的点睛之笔。

图5-50：现代的装饰台灯设计更是融合了多种艺术元素，使得台灯成为独具匠心的艺术品。例如，将花卉的花苞形状与灯具相融合，搭配上水晶吊坠、花卉图案，最终形成具有复古风格的装饰台灯。

5.4.2 不同材料的灯

各类灯饰按照材质的差异,大致可分为璀璨夺目水晶灯、气韵独特铜艺灯、古朴典雅铁艺灯以及别具一格羊皮灯等。设计师可以依据装饰风格和价格定位,灵活选择相应的灯饰材质。

1. 铜艺灯

以铜为主要材料的铜艺灯,包括紫铜和黄铜两种材质。其受欢迎的原因主要在于独特的质感和美观性,一盏优质的铜艺灯甚至具有收藏价值。目前市场上,具有欧美文化特色的欧式铜艺灯占据主导地位。其中,备受追捧的是美式风格铜艺灯,其简洁的制作工艺,赋予了美式灯饰更强烈的时代感(图5-51)。

2. 铁艺灯

铁艺灯是一种充满复古韵味的照明灯饰,其灯支架和灯罩等部分均采用传统的铁艺制作,既具备照明功能,又具有一定的装饰性。铁艺灯不仅适用于欧式风格的装饰,乡村田园风格中也可见到其身影(图5-52)。

3. 羊皮灯

羊皮灯主要采用羊皮材料制作,常见于中式风格装饰中。其制作灵感源于古代灯饰,那时草原上的人们巧妙地利用羊皮薄、透光度好的特点,将其包裹在油灯外,以达到防风遮雨的效果。市场上的羊皮灯多为仿羊皮,即羊皮纸。优质品牌的羊皮灯多选用进口羊皮纸,质量上乘,价格相对较高(图5-53)。

5.4.3 多种搭配的灯

灯饰作为软装设计的精髓,不仅满足了人们的日常生活需求,更是在美化环境空间、营造氛围方面发挥着至关重要的作用。在软装设计中,灯饰主要以装饰为主,形态各异,色彩斑斓,根据所需的氛围选择合适的灯饰,成为设计中的重要环节。

1. 明确角色

在挑选灯饰时,首先应确定其在空间中的定位。例如,如果空间的天花板较高,可能会显得空旷,此时,从上方悬挂一款吊灯就能为空间带来平衡感。同时,需要考虑吊灯的风格、尺寸、灯光色

图5-51 铜艺灯

图5-52 铁艺灯

图5-53 羊皮灯

图5-51:现代铜艺灯在设计上更加注重人性化和实用性,将照明功能与装饰效果完美结合。在制作工艺上,采用先进的科技手段,提高生产效率,降低生产成本,使铜艺灯逐渐发展流行起来。

图5-52:铁艺灯的灯罩大部分都是手工描画的,色彩以暖色为主,这样就能发出一种温馨温和的光线,更能烘托出欧式家装的典雅与浪漫。

图5-53:羊皮灯的造型多种多样,有动物、植物等。其中,植物图案有牡丹、莲花、梅花等,象征着繁荣昌盛、坚韧不拔。羊皮灯已经成为我国的非物质文化遗产,它那独特的造型、丰富的图案、温馨的光线,都给人们带来了美好的视觉享受和无尽的遐想。

温等问题，这些因素都将影响空间的整体氛围的营造（图5-54）。

2. 考虑风格

在较大的空间中，如果需要搭配多种灯饰，风格统一就显得尤为重要。以客厅为例，为了保持灯饰风格的协调一致，应避免各种灯饰在造型上产生冲突。即便想要一些对比和变化，也可以通过色彩或材质中的某一个元素，将两款灯饰巧妙地融合在一起（图5-55）。

3. 判断照度

在空间中，各类灯具需相互协作，有的担当主要照明角色，有的营造氛围，有的则起到装饰作用。以客厅为例，当人坐在沙发上阅读时，是否有便携的台灯提供充足的光线？客厅中的摆设是否能被灯光照亮，以便能欣赏到它们的细节？这些因素都在衡量一个空间中的灯具是否足够（图5-56）。

4. 突出饰品

如果希望艺术品能独立于灯光存在，不受其干扰，那么内嵌式筒灯无疑是最佳选择，这也正是现代简约风格的体现。而在传统装饰手法中，我们可以将艺术品与台灯一同展示在桌面上，或将挂画与壁灯一同布置在墙面上（图5-57）。

图5-54　欧式风格吊灯

图5-55　多种灯饰的搭配

图5-54：欧式风格吊灯的材质多为金属、水晶、玻璃等。其中，水晶材质的吊灯晶莹剔透，闪耀着迷人的光芒，给人一种奢华、高贵的感觉。

图5-55：多种灯饰的搭配，不仅能美化我们的生活空间，还能为我们的生活带来更多便利。在选择灯饰时，需结合房间的大小、装修风格和个人的喜好来进行挑选。

图5-56　台灯提供照明

图5-57　利用灯饰突出饰品

图5-56：在较为昏暗的环境里，为满足阅读、照明的需求，可以选择一盏台灯提供照明，既保证了室内的氛围，又能满足空间内的照明需求。

图5-57：在利用灯饰突出饰品时，还可以通过灯饰的照射方向来强调饰品的特点。例如，对于陈列在架子上的饰品，可以选择隐藏灯带，将光线聚焦在架子下方，在不影响视线的情况下对饰品进行照亮。

第 5 章
装饰艺术品与灯饰设计

— 补充要点 —

客厅灯光运用

家居空间中,客厅无疑是最充满活力、使用频率最高的区域。照明设计在此空间中显得尤为重要,既要满足日常的聊天、会客、阅读等活动需求,也要适合观看电视等娱乐休闲场景。通常,客厅的照明以吊灯或吸顶灯为主,它们可以根据实际需求调节亮度,营造舒适的氛围。

此外,为了丰富空间的层次和提升使用的便利性,我们还可以搭配使用壁灯、筒灯、射灯等辅助灯饰。这些灯具可以在需要时提供局部照明,如在阅读时提供充足的光线,或者在观看电视时减弱环境光对视线的干扰。同时,落地灯与台灯的运用也能为有阅读习惯的人提供良好的阅读环境,满足人们对于阅读亮度的需求。

本章小结

装饰艺术品与灯饰设计在室内陈设设计中是至关重要的,是传统与现代、艺术与科技、环保与时尚的有机结合。它们不仅为生活带来了光明与便利,在满足实用功能需求的同时,还能让人感受到艺术的美好,为室内空间增添了情调。在未来的发展过程中,现代装饰艺术品与灯饰设计将继续创新发展,为人们的生活带来更多美好的变化。

课后练习

1. 装饰画有哪些种类?
2. 如何挑选花器和布置花艺?
3. 花艺绿植在室内软装饰中有哪些作用?
4. 装饰摆件有哪些布置原则?
5. 按造型分,灯饰分为哪几种?简要叙述其特点。
6. 在设计灯饰时应考虑哪些因素?
7. 选择任意一处住宅功能区,对其进行照明设计,进行效果渲染。作业数量:2份。装裱在约400mm×400mm的KT板上。建议完成课时:6课时。
8. 习近平总书记在2020年视察山西时曾说过:"历史文化遗产是不可再生、不可替代的宝贵资源,要始终把保护放在第一位。"中国是拥有悠久历史的国家,作为陈设设计师应该利用自己的专业知识与能力将中华传统文化进一步发扬光大。请选择并学习某一时期历史文化,设计出一件具有中华文化特色的装饰品或灯饰作品。

第6章 软装陈设色彩设计

识读难度：★★★★☆
重点概念：属性、角色、寓意、配色方案

◀ 章节导读

在环境空间设计中，色彩的运用不仅仅是赋予空间以特定的氛围和情感，更重要的是，色彩的选择和搭配能够塑造出独特的空间形象，甚至能够创造出超越想象力的视觉效果。色彩的明度、彩度和色相的变化，如同音乐中的音符，可以有意识地营造出或明亮、或沉静、或热烈、或严肃的不同风格的空间效果（图6-1）。

图6-1 儿童房软装色彩设计

图6-1：儿童房的色彩搭配要和谐，不要使用过多的色彩。一般来说，儿童房的色彩搭配可以采用主色调和辅助色调相结合的方式，主色调可以选择比较温和的颜色，辅助色调可以选择比较活泼的颜色。例如，主色调可以选择蓝色或绿色，辅助色调可以选择红色或黄色。

6.1 色彩设计初步

6.1.1 色彩属性

1. 色相

色相，即色彩的容貌与特性，它主宰了颜色的灵魂。在大自然的万千景象中，色彩种类繁多，如鲜红、橙黄、明黄、翠绿、深绿、宝蓝、神秘紫等，这种由色彩种类变化而形成的概念，称为色相。

色相环是指一种圆形排列的色相光谱，色彩按照光谱在自然中出现的顺序来排列。在色相环上，相对位置的颜色组合我们称为对比型。例如，红色与绿色的搭配；而位置相近的颜色组合称为相似型，如红色与紫色或者橙色的组合；仅使用同一色相的颜色进行搭配，称为同相型。例如，红色可以通过加入不同比例的白色、黑色或灰色，形成了同一色相，但色调不同（图6-2）。

2. 明度

色彩的明度，即其亮度或明暗程度，以深浅、明暗的变化呈现。举例来说，深黄、中黄、淡黄、柠檬黄等不同色调的黄色在明度上便有所差异。同样，紫红、深红、玫瑰红、大红、朱红、橘红等红颜色在亮度上也各具特色。这些色彩在明暗、深浅上的微妙变化，共同构成了色彩的明度变化特性（图6-3）。

在色彩中加入白色，便可提升其明度；而黑色则能降低其明度。在一组色彩搭配中，若色彩间的明度差异较大，便能呈现出时尚有活力的氛围；若明度差异较小，则可营造出稳重优雅的格调。

3. 纯度

纯度用于描述色彩的鲜艳程度，也有人称之为饱和度。原色即红、蓝、绿三种色彩，是纯度最高的。当颜色经过多次混合后，其纯度会相应降低；反之，色彩混合的次数减少，纯度则会越高。当原色中混入其补色时，纯度会立刻下降，颜色也会变得灰暗。

黑、白、灰这样的无彩色拥有最低的纯度，这是因为它们不含任何其他的色彩成分，是最纯的颜色。纯色由于其不含任何杂色，因此其饱和度或纯度是最高的。任何一种颜色的纯色，都是该色系中纯度最高的（图6-4）。

图6-2 色相环

图6-2：色相包括红色、橙色、黄色、绿色、蓝色、紫色六种基本色。其中暖色包括红色、橙色、黄色等，给人温暖、有活力的感觉；冷色包括蓝绿色、蓝色、蓝紫色等，让人有清爽、冷静的感觉；而绿色、紫色则属于冷暖平衡的中性色。

图6-3 明度变化表

图6-3：色彩的明度变化表，色彩中最亮的颜色是白色，最暗的是黑色，其间是灰色。

图6-4 纯度变化表

图6-4：色彩的纯度变化表，纯度高的色彩，给人鲜艳的感觉；纯度低的色彩，给人素雅的感觉。

4. 色调

色调是指一幅艺术作品在色彩表现上的总体倾向。要精确地定义色调，可以从色相、明度、冷暖、纯度四个方面来入手。在软装设计中，可以调整空间的色调，以满足不同功能和场景的需求。例如，在卧室中可以使用柔和的暖色调灯光，营造出温馨舒适的氛围；在办公室中可以使用冷色调的灯光，营造出清新明亮的氛围。通过色调的调整，可以让空间更加生动，更加符合我们的设计要求（图6-5）。

6.1.2 色彩的角色

1. 主导色

主导色主要是由大型家具或大面积空间陈设、装饰织物所构成的中等色块。它是色彩搭配的核心，其他颜色通常以此为基础进行搭配。例如，客厅的沙发、餐厅的餐桌等即构成了相应空间的主导色。选择主导色的方式有两种：若要创造鲜明、生动的效果，可以选择与背景色或辅助色形成对比的色彩；若要实现整体的协调和稳定，可以选择与背景色、辅助色相近的同色系或类似色（图6-6）。

2. 辅助色

辅助色在视觉上和体积上仅次于主导色，主要用于衬托主导色。通常由体积较小的家具构成，如短沙发、椅子、茶几、床头柜等。恰当的辅助色可以使空间充满活力，动感十足。辅助色通常与主导色保持一定的色彩差距，既能突显主导色，又能丰富空间的层次。然而，辅助色的面积不宜过大，否则可能会盖过主导色的风头（图6-7）。

3. 背景色

背景色是作为空间背景的各种大面积色彩，包括墙面、地面、天花板、门窗以及地毯等。这些色彩以其面积优势，掌控着整个空间的氛围。尤其是墙面，作为水平视线的焦点，对空间效果的影响非常明显，成为环境配色的关键所在。柔和的色调能营造出自然、宁静的氛围，而艳丽的背景色则能给人带来活力四射、热情洋溢的感受（图6-8）。

4. 点缀色

点缀色是那些面积虽小，却能轻易改变空间氛围的色彩。它们可能是一个靠垫，一盏灯具，一块织物，一盆植物，一个摆设等。点缀色通常选择高

图6-5 借助灯光营造的暖色调

图6-5：桦茶色的橱柜，枯茶色的餐桌，土色的百叶窗，鹅黄色的墙面瓷砖，整体为暖色调，黄色系。暖色调的餐厨空间，还是我们与家人、朋友情感交流的纽带。

图6-6 浅绿色为主导色

图6-6：房间给人的整体感觉是清新，如山间绿草上的晨露。主导色为绿色，包括松叶色的窗帘、若草色的墙面、青竹色的床、柳色的沙发。白色作为点缀，中和视觉疲劳。

纯度的对比色，用以打破空间的单调，提升整体效果。点缀色虽然面积不大，但在空间中的表现力却不容忽视（图6-9）。

6.1.3 色彩的寓意

色彩，不仅仅能够引发人们对于冷暖、轻重、远近、明暗的感知，还能激发出人们丰富的联想。

不同的色彩会引发人们不同的心理反应，这种反应可能源于个人的喜好，也可能受到文化背景的影响。

1. 清澈的蓝色

蓝色象征着永恒，是一种纯净无瑕的色彩。蓝色让人联想到广阔的海洋、深邃的天空、清澈的水源，以及浩渺的宇宙。蓝色往往是地中海风情的点睛之笔（图6-10）。

图6-7 床头柜为辅助色

图6-7：整个卧室空间是以紫色调为主，显得非常神秘高贵，搭配浅绿色的床头柜使得整个卧室看起来非常温馨，没有色彩上的华丽搭配，简单的欧式家具装饰，显得简洁素雅，整体又略带有时尚气息。

图6-8 墙面的背景色

图6-8：亮绿色的墙面作为背景色，显得空间充满生机。相应的家具配饰选择米白色家具、小碎花床品，进一步塑造了室内空间的田园风格。

图6-9 宝石蓝的抱枕作为灰白色沙发的点缀

图6-9：宝石蓝的抱枕作为灰白色沙发的点缀，与同一色系的装饰画相呼应，非常和谐。

图6-10 蓝色调

图6-10：蓝色调的书房，首先要注重色彩的搭配。墙面选择浅蓝色，书桌与门框则选择白色，让人感觉清爽明亮。同时，在局部区域加入一些跳跃的亮色，如绿色、红色等，打破单一色调的沉闷感，让空间更具活力。

2. 平静的绿色

绿色是大自然中最常见的色彩。绿色象征着平静与安全，它通常被用来表示生命和生长，寓意着健康、活力和对美好未来的期许。绿色的魅力在于它展示了大自然的魅力，能让人的心情在紧张的生活中得到舒缓（图6-11）。

3. 热烈的红色

红色是所有色系中最热烈、最富有活力的色彩。在中国文化中，红色代表着醒目、重要、喜庆、吉祥、热情、奔放、激情和斗志。酒红色的醇厚与尊贵，给人一种华贵优雅的感觉；玫瑰色则传达出一种高雅的浪漫情怀，深受女性喜爱；粉红色则给人以温暖、放松的感觉，适合在卧室或儿童房中使用。然而，如果室内的红色过多，可能会让眼睛负担过重，让人产生头晕目眩的感觉（图6-12）。

4. 温暖的橙色

橙色是红色和黄色的结合，因此，橙色也兼具了红黄两种颜色的象征意义。橙色是一种欢快而充满活力的色彩，给人明亮、华丽、健康、兴奋、温暖、欢乐、辉煌，以及富有感染力的色彩感觉（图6-13）。

5. 充满活力的黄色

黄色象征着轻快、充满希望和活力的气息。黄色常常被人们与金子、阳光、启示等元素联系在一起。在春天盛开的花海中，黄色更是象征着重生与新生的希望。柔和的果黄散发着温馨的特性；活力四射的牛油黄则洋溢着原始的动力；而金黄色则带给人们温暖的感觉（图6-14）。

6. 神秘浪漫的紫色

紫色由热情的红色与冷静的蓝色融合而成，是一种极具刺激感的色彩。紫色代表着浪漫、梦幻、神秘、优雅、高贵，它的独特魅力和典雅的气质无时无刻不在吸引着无数人的目光。紫色与蓝色、红色相近，浅紫色与纯白、米黄、象牙白相配，显得清新宜人；深紫色与黑、藏青相搭，则显得更为稳重，给人一种干练的感觉（图6-15）。

图6-11 绿色调

图6-11：此餐厅空间以绿色为主题，强调自然、健康、舒适的用餐环境。木质元素具有自然的质感，能够带给人们温暖、舒适的感觉。在绿色调餐厅设计中，可以运用原木家具、木质地板等木质元素，增强自然、环保的气息。

图6-12 红色调

图6-12：红绯色装饰了墙面的上半部分，为避免视觉疲劳，下半部分采用白色的瓷砖来中和，给人一种热情的感觉。

7. 富丽堂皇的金色

金色光辉闪耀，展现出大胆而奔放的个性（图6-16），在纯白的背景下，视觉效果更为洁净。然而，金色是光线反射能力最强的色彩之一，金光闪闪的环境对人的视力损害最大，容易让人神经紧绷，难以放松。

8. 优雅厚重的咖啡色

咖啡色属于中性暖色调，既优雅又朴实，庄重而不失雅趣。它摒弃了黄金色的俗气，也避免了象牙白的单调和平淡（图6-17）。

9. 现代简约的黑白色

黑白色被称作"无形色"或"中性色"，属于无彩色搭配。黑白色是最基础且简洁的搭配，灰色被称为"万能色"，能与任何色彩搭配，也能协助两种对立的色彩和谐过渡（图6-18）。

图6-13　橙色调

图6-13：在客厅中，运用橙色调，可以让人感受到温暖、舒适的氛围。橙色调的墙面装饰可以让人眼前一亮，提升空间活力。

图6-14　黄色调

图6-14：作为主色调，黄色能够给人带来温暖、明亮、兴奋等感觉。在卧室中，可以运用黄色来装饰墙面等，从而打造一个温暖的氛围。

图6-15　紫色调

图6-15：整体风格偏向东南亚风情。紫色的房顶，营造深沉的氛围。藤紫色的床品与菖蒲色的抱枕，颜色深浅适中，整体色系非常和谐，与深蓝色的床帘搭配浑然一体。

图6-16　金色调

图6-16：金色给人富丽堂皇的感觉，适合开间较大的客厅。金色的吊顶及墙面，结合水晶吊灯将华丽发挥到极致，适宜搭配欧式软包沙发。

图6-17 咖啡色调

图6-18 黑白色调

图6-17：卧室的咖啡色深浅不一，主要表现在浅咖啡色的墙纸和窗帘，深咖色的床架和梳妆台上，如此搭配显得卧室更加庄重、雅致。

图6-18：白色的墙面干净整洁，黑色的餐桌用白色几何线条装饰，具有设计感。黑色的相框和灯具整体风格一致。

6.2 色彩的合理运用

6.2.1 色彩组合

色彩的效果取决于不同颜色之间的相互关系。在不同的背景条件下，同一颜色可能呈现出截然不同的效果，这正是由于色彩的独特敏感性和相互依存性。

1. 同色系组合

同色系组合是指同一色相，但不同纯度的色彩相互搭配。例如，深蓝色与浅蓝色的搭配。这种色彩组合能营造出统一且和谐的视觉效果。在空间配置中，同色系搭配被视为最安全、接受度最高的配色方式。同色系中深浅变化的运用以及所呈现出的空间层次感，让整体呈现出一种和谐且一致的美感。虽然相近色彩的组合可以创造出宁静、舒适的环境，但这并不意味着在同色系组合中不能使用其他颜色。需要注意的是，过分强调单一色调的协调，而缺少必要的点缀，可能会让人产生视觉疲劳（图6-19）。

2. 邻近色组合

邻近色组合是一种非常易于运用的色彩方案，也是目前最受欢迎且大众化的色调搭配方式。这种方案仅使用色相环上互相接近的两三种颜色，其中一种颜色作为主导色，其他颜色作为辅助色。例如，黄色与绿色、黄色与橙色、红色与紫色等。在运用这种配色方案时，一方面需要把握好两种色彩的和谐搭配，另一方面又要确保两种颜色在纯度和明度上有所区别，以实现互相融合，达到相得益彰的效果（图6-20）。

3. 对比色组合

对比色组合被广泛应用于空间设计中，以表达开放、有力、自信、坚决、活力、动感、年轻、刺激、饱满、华美、明朗、醒目等主题。这种搭配方式实际上是冷色与暖色的碰撞，一般色相环上角度相距150°～180°的颜色搭配能带来强烈的视觉效果。在同一空间内，对比色能够创造出富有冲击力的效果，使房间的个性更加鲜明，但是应注重颜色搭配使用的比例，如果大面积同时使用，效果可能过于刺激（图6-21）。

4. 互补色组合

互补色组合是另一种极具特色的色彩搭配方式，它使用色差最大的两个对比色，能给人留下深刻的印象。然而，由于互补色彩之间的对比过于强烈，我们在使用互补色时必须特别慎重考虑色彩之间的比例问题。通常需要用一种大面积的颜色与另一种较小面积的互补色来达到平衡。如果两种色彩所占的比例相同，那么对比可能会显得过于强烈，而失去互补色的美感（图6-22）。

图6-19　深蓝搭配浅蓝

图6-19：深蓝搭配浅蓝的客厅空间设计，充满时尚感和现代气息。在这个空间中，浅蓝色的墙面搭配天蓝色的沙发，创造出一种宁静而高雅的氛围。

图6-20　深红色与深咖色的组合

图6-20：深红色与深咖色是两种富有激情与活力的色彩，墙面深咖色与床品深红色碰撞，演绎出时尚与温馨的卧室空间。

图6-21　蓝色与橙色的对比

图6-21：整体风格偏向简欧风，白色墙面作为基调，蓝色橱柜点为主，橙色餐厅椅子与窗帘与之产生对比。

图6-22　蓝色与黄色的互补

图6-22：客厅中，运用蓝色与黄色的搭配，来打造一个独特的空间。群青色天花板与淡黄色沙发的互补色组合非常柔和，并采用了灰白色进行平衡，比例适当。

5. 双重互补色组合

双重互补色调的组合是指两组对比鲜明的色彩同时出现在一个空间中。虽然这种搭配方式在房间设计中可能会显得有些激进，但只要运用得当，就能创造出独特的视觉效果。对于较大的房间来说，这种色彩组合能有效增加空间的活力和层次感。在操作过程中，需要注意两种对比色之间应有主次之分，对于小房间来说，更应该将其中一种颜色作为重点突出处理（图6-23）。

6. 无彩色组合

黑、白、灰、金、银五个中性色彩，统称为无彩色。它们的主要作用是调和色彩搭配，突出其他颜色的魅力。其中，金、银色更是被誉为可以搭配任何颜色的"百搭色"，但是金色并不包含黄色，银色也不包含灰白色。黑、白、灰色与彩色搭配，既能增添一份别样的情趣，又能营造出强烈的现代感。在无彩色中，唯有白色可以大面积使用，而黑色则更适合在小范围内，与高彩度的色彩相互搭配，这样既能突显其独特的个性，又能创造出非同凡响的效果（图6-24）。

7. 自然色组合

自然色作为一种涵盖广泛的色彩范畴，被赋予了"泛指中间色"的美誉。这种颜色具有极大的弹性和丰富的表现力，源于大自然的馈赠，如树木、花草、山石、泥沙、矿物，甚至包括枯叶败枝等（图6-25）。

图6-23 紫色与黄色、蓝色、绿色的互补

图6-23：在这个充满趣味与活力的空间里，每一个角落都充满了生活的气息。湖蓝色墙面与鹅黄色吊顶的互补，搭配紫色抱枕与青绿色窗帘，以及相同色系的其他小装饰品，共同打造了一个让人陶醉其中的和谐空间。

图6-24 无彩色组合

图6-24：在现代化的客厅中，黑色的餐桌、沙发和橱柜与白色的茶几和墙面形成了鲜明的对比。同时为了增添一些视觉上的跳跃，可以在白色的茶几上放置两个黄色的小抱枕，以及一个水果盘。

图6-25 自然色组合

图6-25：自然色是室内色彩应用之首选，无论是硬装还是软装，几乎都可以以自然色为基调，再加以其他色彩、材质进行搭配，从而得到很好的效果。

6.2.2 色彩搭配运用方法

1. 常用配色方法

（1）色彩搭配黄金法则。家居色彩的黄金比例为6∶3∶1，"6"代表背景色，包括墙体、地面和顶部的颜色；"3"为搭配色，如家具的基本色系等；"1"为点缀色，如装饰品的颜色等。这种搭配比例能使家居色彩丰富而不杂乱，主次分明，主题突出。在设计和方案实施过程中，空间配色最好不超过三种色彩。空间配色方案应遵循一定的顺序：从硬装到家具，再到灯具、窗帘、地毯、床品和靠垫，最后是花艺和饰品（图6-26）。

（2）确定一个色彩印象为主导。对一个房间进行配色时，通常以一个色彩印象为主导，空间中的大色面色彩从这个色彩印象中提取，但这并不意味着房间内的所有颜色都要严格遵循这个原则（图6-27）。

（3）巧妙运用对比色。选择适当的强烈对比色，可以强调和点缀环境的色彩效果。但是，对比色的选用应避免过于杂乱，一般在一个空间里选择两至三种主要颜色对比组合为宜（图6-28）。

（4）色彩的混搭艺术。在环境空间中，常常强调同一空间中最好不要超过三种颜色，因为色彩搭配不协调容易让人产生不适感。然而，对于一些寻求个性化的人来说，三种颜色显然无法满足他们的需求。色彩混搭的秘诀在于掌握好色调的变化。当两种颜色对比非常强烈时，通常需要一个过渡色来调和（图6-29）。

（5）白色扮演着调停者的角色。被誉为和谐之王的白色，若空间中各色争艳、互不相让，它能适时地出现，化干戈为玉帛。白色的魔力在于它能令所有颜色冷静下来，同时提升空间的亮度，使空间显得更为宽敞，进而减轻混乱的感觉（图6-30）。

（6）米色赋予空间温馨感。米白、米黄、驼色、浅咖啡色等都是极其优雅的颜色。米色系与灰色系同样百搭，但灰色显得过于冷淡，而米色却给人一种温暖的感觉。相较于白色，米色更显得沉稳、内敛，且充满时尚气息（图6-31）。

2. 利用色彩调整缺陷

对于不同的色彩，人们的视觉感知是存在差异的。巧妙地运用色彩的调控能力，可以重塑空间格

图6-26　色彩搭配黄金法则

图6-26：湖蓝色作为背景色囊括了背景板、地毯和部分家具，占比6；米白色作为搭配色包含了柱面、沙发，占比3；白色的橱柜和咖色的家具框架作为点缀色，占比1。整体色系简单干净，营造出大气奢华、十分瞩目的效果。

图6-27　确定一个色彩印象为主导

图6-27：大面积的咖啡色墙壁，以及浅咖色的地板，奠定了深色系的基调，由此床品选择了灰色系。

图6-28 适当运用对比色

图6-29 玩转色彩混搭

图6-28：宝蓝色与正红色的碰撞非常有趣，给人活泼的感觉。但宝蓝色只是小面积地应用在门窗上，红色则更少地应用在柜子的背板上，再加上白色的调和，整体感觉清新自然。

图6-29：丁香色的帘子用来制造浴室浪漫温馨的气氛，碧绿色的墙壁作为背景，其他黄色、红色、蓝色作为混搭装饰，非常和谐。

图6-30 白色起到调和作用

图6-31 米色系

图6-30：当客厅这一空间中有碎花样式的沙发、木色的电视背景板、红紫色的吊灯以及深绿色的窗帘时，整个空间的色彩太过丰富，因此需要在空间里放置一些白色的家具或装饰，从而起到调和作用。

图6-31：米色系的卧室设计能够让人感受到轻松和舒适的氛围，通过简单的家具和灯光搭配，打造一个温馨舒适的睡眠空间。

局，弥补居室设计的某些不足。

（1）调整过大或过小的空间。深色调和暖色调能够使大空间显得温馨、舒适；醒目且突出的点缀色适用于大空间的墙面，例如，独特的墙纸或手绘图案。但应尽量避免在空间各角落分散放置同色的装饰物，这样会使得大空间显得更加空旷，缺乏重心。相反，将相近色的装饰物集中展示，可以使空间更具吸引力（图6-32）。

（2）调整过大或过小的进深。纯度高、明度低、暖色相的色彩看上去有向前的感觉，被称为前进色。反之，纯度低、明度高、冷色相被称为后退色。如果空间空旷，可采用前进色处理墙面；如果空间狭窄，可采用后退色处理墙面（图6-33）。

（3）调整过高或过低的空间。深色给人下坠感,浅色给人上升感。同纯度同明度的情况下,暖色较轻,冷色较重。空间过高时,可用较墙面温暖、浓重的色彩来装饰顶面。但必须注意色彩不要太暗,以免使顶面与墙面形成太强烈的对比,使人有塌顶的错觉;空间较低时,顶面最好采用白色,或比墙面淡的色彩,地面宜采用重色(图6-34)。

图6-32 调整过大或过小的空间

图6-32:对于客厅,在主要墙面上设计色彩丰富的风景墙绘,能在视觉上拓展客厅空间大小。

图6-33 调整过大或过小的进深

图6-33:整个房间家具尺寸比较大,占用的面积也比较多,使用深棕色的墙面使整个房间变得宽敞了许多。

图6-34 调整过高或过低的空间

图6-34:欧式风格大多采用浅色系来装饰天花板,提供上升感,给人大气宽敞的感觉。

补充要点

现代简约风格配色方案

在简约风格的环境设计中,色彩的选用较为宽泛,只需遵循清爽大方的原则,让颜色和图案与室内环境以及居住者的个性相得益彰。现代简约设计,以黑灰白色调为主导,这种色彩搭配不仅使空间显得宽敞明亮,还赋予其独特的个性魅力。

此外,简约风格亦可运用高纯度的色彩,如苹果绿、深蓝、大红、纯黄等,这些醒目的颜色能瞬间吸引眼球,为空间增添活力。在颜色的运用上,可以灵活搭配,或以单色为主导,或采用撞色搭配,创造出富有个性的室内空间。总之,简约风格的家居设计在色彩选择上注重清爽大方,既能突显个性,又能营造出宽敞舒适的生活环境。

本章小结

本章讲解空间中软装色彩搭配方法，设计过程中要遵循色彩平衡的原则，并根据不同的空间和物品选择合适的颜色。例如，在厨房中，可以使用明亮的黄色或橙色，带来活力。在客厅中，可以使用柔和的绿色，带来自然和平静。在卧室中，可以使用柔和的紫色，带来浪漫和神秘。最终的目的是打造一个温馨、舒适、富有个性的空间，让人感到愉悦和放松。

课后练习

1. 色彩的属性有哪些？简要概述。
2. 色彩在软装设计中充当哪些角色？
3. 简要概述常见色彩的寓意。
4. 色彩有哪些搭配方式？
5. 色彩可以调整哪些空间缺陷？
6. 课后查阅相关资料，总结各种设计风格的配色方案。作业数量：1份。将分析内容总结为word文件，之后进行介绍与分享。建议完成课时：5课时。
7. 对室内软装陈设相关色彩搭配有了理论支撑后，尝试自主设计一个具有红、黄、蓝三原色的室内空间。

第7章 软装陈设风格设计

识读难度：★★★★☆
重点概念：新中式风格、田园风格、简约风格、欧式风格

◂ 章节导读

为达到空间的协调，软装风格与硬装风格应保持一致，这是装饰的基本原则。如果空间风格被定位为现代简约，那么，软装的风格就不应该是古典的。如果定位空间风格是古典的，那么，软装设计的风格也应该是古典的。室内软装陈设设计风格可以大致分为：地中海风格、东南亚风格、美式风格、田园风格、英式风格、新古典风格、西班牙风格、现代风格、欧式风格、中式风格、日式风格等。软装设计师在设计过程中，会根据各种风格的特点和元素进行深入的研究和应用（图7-1）。

图7-1 多功能活动室软装设计

图7-1：多功能活动室多出现在别墅或复式住宅中，面积较大，软装设计风格多以简约为主，同时要注重美观。利用书架上陈列图书与物品的色彩来装点空间，根据功能需求可选择搭配组合布艺沙发、乐器等，让居住者在舒适的环境中阅读、娱乐。

7.1 新中式风格

7.1.1 设计手法

新中式风格，是将我国优秀传统文化元素加以提炼，巧妙地融入现代人

的生活与审美习惯之中的装饰风格。它让传统元素焕发出简练、大气、时尚的新貌，赋予现代室内装饰以浓厚的中华文化韵味。

在设计理念上，新中式风格采用现代手法诠释中式元素，形式活泼多变，用色大胆创新，结构不拘泥于对称的传统规范。在家具选择上，除了红木之外，还有更多的材料可供混搭，以打造出独具个性的家居空间。字画方面，抽象装饰画不仅增添了艺术气息，同时也体现出东方元素的独特魅力。饰品的选择，也可以是抽象的东方元素概念作品，进一步强化了新中式风格的特色。

在软装配饰上，以东方人特有的"留白"美学观念来控制节奏，不仅能够突显出大家风范，更能使整个空间显得优雅、宁静、富有诗意。这种"留白"美学，是一种润物细无声的生活态度，也是一种对生活品质的追求和尊重（图7-2）。

7.1.2　常用元素

1. 家具

新中式风格的家具是现代艺术风格与古典家具的完美结合。中国古典家具以明清家具为代表，在新中式环境空间中，多以线条简洁、造型优雅的明式家具为主（图7-3）。有时候，也会融入陶瓷鼓凳等富有特色的装饰元素，在实用性的基础上，更增添了一抹亮眼的点缀（图7-4）。

2. 抱枕

如果要在空间中融入更多的中式元素，通过抱枕的款式与风格进行传达是一个不错的选择。通过巧妙地挑选和搭配，来突出中式韵味。例如，选择淡雅的色调，如米色、灰色、淡蓝色等，来营造一种温馨、舒适的气息。或者选择深色调，如深红色、暗绿色等，来营造一种庄重、典雅的氛围。又如，可以选择一款印有精美的花鸟图案的抱枕，来为沙发或床增添一份自然和活力。或者选择一款有

图7-2　中式风格

图7-3　古典家具

图7-4　陶瓷

图7-2：餐厅采用中式风格进行装饰，所选用的装饰材料也需统一风格。如木质家具、竹编等，都是很好的选择。这些材料既能增添餐厅的典雅氛围，又能彰显出主人的亲和力。

图7-3：古典家具在生活中的广泛运用，为现代家庭生活增添了古典魅力。古典家具的制作工艺非常精湛，以木材为主要原料，将木材的天然色泽和纹理表现得淋漓尽致。在住宅空间中，古典家具可以作为点缀，让整个空间显得更加典雅。

图7-4：陶瓷摆件一直是人们在住宅空间、办公室、餐厅等场所中必不可少的装饰品。在室内空间中摆放青花瓷，这种瓷器以蓝色、黑色和白色为主要颜色，具有很高的艺术价值。

精致窗格图案的抱枕，来为空间增添一份古色古香的味道（图7-5、图7-6）。

3. 窗帘

新中式风格的窗帘以其独特的艺术价值，吸引了众多人的目光。其帘头的装饰，结合了巧妙的拼接技巧和独特的剪裁艺术，使得窗帘更显得别具一格。在材质的选择上，仿丝材质的窗帘既能呈现出真丝的质感、光泽和垂坠感，又可以通过金色、银色的巧妙运用，增添一份时尚的气息。而如果将金色和红色作为其陪衬，那么新中式窗帘所展现出来的，将是一种华贵而大气的独特魅力（图7-7）。

4. 屏风

新中式风格设计中，屏风也是一个经常出现的元素。它不仅能起到空间隔断的作用，将大空间划分为小空间，或者作为沙发、椅子的背景，还能起到装饰的作用，使得整个空间更具艺术感。屏风的运用，不仅符合我国传统的审美观念，同时也为现代设计注入了新的活力（图7-8）。

图7-5 纯色款式

图7-5：纯色款式的抱枕简约大方，无论是摆在客厅、卧室还是书房，都能成为点亮生活的一道亮丽风景。它的线条流畅，色彩纯粹，给人一种纯静的美感。

图7-6 绣花抱枕

图7-6：绣花抱枕相较于普通的纯色抱枕而言更加典雅。绣线与面料的完美结合，传统的刺绣技艺与现代设计相结合，使得这款抱枕不仅具有实用性，还具有很高的观赏价值。

图7-7 特殊剪裁的帘头

图7-7：这种帘头具有非常强的装饰性。它为房间增添了一份古朴和优雅，使房间主人的品位和格调得到了彰显。

图7-8 屏风

图7-8：此款屏风做工精美，花纹采用中式传统符号，颜色上选择黑色与金色搭配，突显奢华感。

5. 饰品

在打造新中式空间时，融合传统中式饰品与现代风格或其他民族特色的饰品，能够赋予其丰富的文化内涵和鲜明的对比效果（图7-9）。例如，运用以鸟笼、根雕等为主题的饰品，能够为新中式环境注入大自然的生动气息，营造出轻松、高雅的古典意境（图7-10）。

6. 花艺

新中式风格的花艺设计深深扎根于"尊重自然、利用自然、融合自然"的理念。设计师们以植物的自然美为主要元素，精心挑选出那些枝杆修长、叶片飘逸、花朵小巧且颜色柔和的花卉种类，如梅、菊花、牡丹、茶花、桂花、迎春、菖蒲、鸢尾等，以此塑造出充满中国文化意境的花艺环境（图7-11、图7-12）。

图7-9　中式台灯

图7-10　鸟笼式吊灯

图7-9：陶瓷材质的台灯，外观设计散发出艺术的气息。这款台灯采用精致细腻的陶瓷材质，灯体表面有着陶瓷的光泽。在光线的照射下，陶瓷材质仿佛散发出山水的气息，让人感受到宁静与美好。

图7-10：鸟笼式吊灯的设计简约而独特。大小不一，错落安置，符合中式风格的意境美，与整体氛围搭配融洽。

图7-11　花艺设计

图7-12　梅花

图7-11：中式室内空间花艺设计非常注重空间的层次感。在设计中，人们会根据不同的功能区域，采用不同的装饰材料和色彩搭配，以突出空间的层次感。例如，在书房中，可以运用木色茶几搭配黄色花卉。

图7-12：梅花自古以来就是中国文化的重要组成部分，被视为品格高尚、坚韧不拔的象征，梅花的出现为室内空间增添一份静谧与温馨。

— 补充要点 —

新中式风格与中式风格的区别

中式风格注重对称美，略显古板，但其壮丽华贵的气质令人瞩目。而新中式风格，则将传统元素与现代元素巧妙结合，其清雅含蓄的韵味更让人回味无穷。

新中式风格，可视为传统中式风格在现代设计理念下的演绎。它从传统的精华元素和生活符号中提取素材，通过合理的搭配与布局，使设计既有中式传统的韵味，又更加贴近现代人的生活需求。这种风格让古典与时尚相互融合，传统与现代共存，是一种独特的审美风格。

新中式风格，是在中式风格的基础上融入了现代元素。作为现代风格与中式风格的结合体，新中式风格更符合当代年轻人的审美观念，因此越来越受到"90后"和"00后"的喜爱。他们对于新中式风格的装修，不仅要求美观大方，还要富有现代气息，让传统与现代相互辉映，共同演绎出独特的家居风格。

7.2 地中海风格

7.2.1 设计手法

地中海风格是一种起源于9—11世纪地中海沿岸的独特设计风格，被誉为海洋风格装修的典范。其魅力源于其浓郁的地中海人文风情和地域特征，展现出自由奔放、色彩斑斓明媚的特色。地中海风格巧妙地将海洋元素融入家居设计，为人们带来清新明快、舒适放松的感官体验（图7-13）。

7.2.2 常用元素

1. 家具

挑选线条简约、圆滑且略带弧度的家具款式，不仅能让空间显得更加宽敞明亮，还能给人以温和、亲切的感觉。在材质方面，实木家具（图7-14）和

图7-13 地中海风格

图7-13：拱门与半拱门窗，白灰泥墙是地中海风格的主要特色，常采用半穿凿或全穿凿来增强实用性和美观性，给人一种延伸的透视感。色彩选择了代表地中海风情的蔚蓝、白色和浅绿色。家具尽量采用低彩度、线条简单且边角浑圆的木质家具，与整个居室的氛围相得益彰。

藤制家具（图7-15）都是极佳的选择。实木家具质地坚硬、触感细腻，能够随着时间的推移，产生一种独特的韵味，让人陶醉其中。而藤制家具则以轻便、透气、环保等特点受到人们的喜爱，其天然的藤纹和色彩，更是为家居增添了一抹别样的风采。

2. 灯具

地中海风格灯具的典型特性之一，在于其灯臂或中柱部分常常采用擦漆做旧的处理方式。这种手法不仅赋予灯具一种类似欧洲古典灯具的质感，更让人联想到地中海的碧海蓝天之下，海风蚀刻的自然痕迹（图7-16）。地中海风格灯具还常常配有白陶装饰部件或手工铁艺装饰部件，散发出一股浓厚的乡村风情。这种风格的台灯在灯罩上常常采用多种色彩或多种造型，而壁灯则常常设计成地中海特有的美人鱼、船舵、贝壳等造型（图7-17），使得每盏灯都如同一件独一无二的艺术品。

3. 布艺

无论是窗帘、沙发套、餐桌布，还是床单被罩，地中海风格的软装中，天然棉麻织物总是被首先考虑的。这不仅是因为其自然舒适的手感，更是由于地中海风格独特的田园风情。因此，这些布艺制品的面料上，常常会有低彩度色调的小碎花、条纹图案（图7-18），它们为整个空间增添了一抹温馨的田园韵味。

4. 绿植

绿色的盆栽植物是地中海风格中不可或缺的重要元素。一些小巧可爱的盆栽使得空间充满了生机，仿佛将户外的新鲜空气带入了室内（图7-19）。此外，也可以在角落里摆放一两盆吊兰，或者是爬藤类的植物，让它们自然地垂下，形成一片浓郁的绿意。这些绿植不仅美化了环境，更是为生活增添了一丝大自然的清新与宁静。

5. 饰品

地中海风格与海洋主题完美结合。文中提到的饰品，如帆船模型、救生圈（图7-20）、水手结、贝壳工艺品、木雕上漆的海鸟和鱼类等，不仅展现了独特的海洋风情，更是家居装饰的艺术佳作。此外，还包括别具一格的锻打铁艺工艺品、各种蜡架、钟表、相框和墙上挂件等（图7-21），这些精美的艺术品为地中海风格增色不少。

图7-14 实木家具　　　　　图7-15 藤制家具　　　　　图7-16 地中海风格吊灯

图7-14：这间充满地中海风情的房间，有着宽敞的面积和明亮的采光。在房间的一角，实木家具摆放得整整齐齐，白漆家具的设计简约大方，与实木家具相得益彰，为整个空间增添了时尚感。

图7-15：地中海风格藤制家具的设计感强烈，独特的线条和形态使得每一件家具都具有艺术品质。藤编材质使得家具具有独特的触感，给人一种优雅、舒适的感觉。

图7-16：地中海风格吊灯的美学设计源于地中海地区的自然风光，其形状和颜色都充满自然和谐的气息。吊灯的线条流畅，仿佛是大海的波涛和浪花，让人陶醉其中。

图7-17　地中海风格台灯

图7-17：台灯采用简约的线条和独特的造型，将地中海的蓝色、白色和点点金色融入其中，无论是白天还是夜晚，都能为家居环境增添一份宁静和美好。

图7-18　条纹沙发

图7-18：地中海风格条纹沙发以其独特的色彩和图案，让人联想到充满活力的希腊和罗马。这种风格的沙发通常以明亮的色彩为特点，比如蓝色、白色，这些颜色代表了地中海的蓝天、白云。此外，条纹的图案也是地中海风格的典型特征，这种独特的纹理让人联想到希腊和罗马的古老建筑。

图7-19　小巧可爱的盆栽

图7-19：在选择盆栽时，需要考虑它们的外观和特性是否与地中海风格室内空间相得益彰。理想的情况下，盆栽应该是小巧精致的，具有鲜艳的颜色，如明亮的黄色、白色等，这些颜色与地中海风格的装饰元素相匹配。

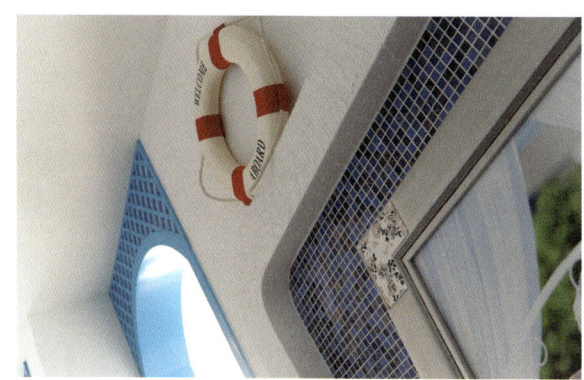

图7-20　救生圈

图7-20：救生圈是海洋主题中不可或缺的一个元素，将救生圈挂在具有地中海风格的墙面上，进一步烘托了地中海风格以海洋为主题的特点。

图7-21　墙上挂件（帆船画）

图7-21：地中海风格的墙上挂件是另一个充满活力的元素。选择一些具有浓郁地中海特色的画作，如帆船、海洋等为家里增添一份充满活力的氛围，让人感受到浪漫与温馨。

7.3 东南亚风格

7.3.1 设计手法

东南亚风格以其色彩斑斓、手工制作为特色，充满自然温馨和热情华丽的气息，通过精巧的细节和室内装饰，展现了原始自然的热带风光。与其他设计风格相比，东南亚风格在发展过程中不断融会吸收了各个东南亚国家的特色，形成了富有热带民族原始岛屿风情的独特魅力（图7-22）。

7.3.2 常用元素

1. 家具

东南亚风格家具大多体积庞大，风格古朴而典雅，充满了独特的异域魅力。特别是用柚木制作的木雕家具，更是东南亚装饰艺术中的璀璨明珠。这种风格的家具不仅彰显了独特的文化底蕴，还充满了热带雨林的自然风情。为了更好地营造这种独特的氛围，可以添置一些藤椅、竹椅等家具（图7-23、图7-24）。

2. 灯具

东南亚风格的灯饰通常采用当地丰富的天然材料，例如，贝壳、椰壳、藤条以及枯树干等（图7-25）。

3. 窗帘

在东南亚风格的家居设计中，窗帘的选择多以自然色调为主，其中饱满的酒红、墨绿、土褐色等色彩尤为常见（图7-26）。这些设计造型往往反映了对民族信仰的尊重与传承，以棉麻等天然材质为主的窗帘款式，呈现出粗犷原始的美感，同时兼具舒适的手感和优良的透气性（图7-27）。

4. 抱枕

泰丝是一种质地轻柔、色彩斑斓、光泽独特的纺织品，其图案设计千变万化，充满了浓郁的东方风情。以优质的泰丝制作的抱枕，无论是放置在椅子上还是床上，都能展现出高雅的品位和格调（图7-28）。

图7-22 东南亚风格

图7-22：大部分的东南亚家具采用两种以上材料混合编织而成。藤条与木片、藤条与竹条，材料之间的宽、窄、深、浅，形成有趣的对比。工艺上以纯手工编织或打磨为主，不带一丝工业化的痕迹。

图7-23 造型古朴的家具

图7-23：南亚家具大多就地取材，印度尼西亚的藤、泰国的木皮等纯天然的材质，让人在视觉上感受到泥土的质朴。

图7-24 竹篓　　　　　　　图7-25 芭蕉叶造型吊灯　　　　图7-26 酒红色窗帘

图7-24：竹制品家具也是常见的家具种类，它们非常坚固和耐用。竹制品家具的设计和制作都非常精细，展现出东南亚风格家具的独特美感。竹制品家具的表面处理非常重要，它们的外观和质感会直接影响整个家的氛围。

图7-25：铜制的吊灯结合了风扇的功能，扇叶造型为芭蕉叶，极具肌理美感。芭蕉叶造型吊灯不仅是大自然与艺术的完美结合，更体现了现代科技与生活的紧密联系。

图7-26：酒红色系的布艺在东南亚风格中常常被用到，窗帘在阳光下散发出温馨浪漫的气息，结合床品的红褐色、藤制家具的自然感，氛围感非常强烈。

图7-27 棉麻窗帘　　　　　　　　　图7-28 抱枕

图7-27：棉麻窗帘采用天然棉麻材质，这种棉麻质地粗糙、手感柔软、透气性好，不仅能为居室增添一份舒适，还能有效调节室内湿度。棉麻材质的纹理天然、随机，使得窗帘的面料在光线下呈现出独特的效果，增加了视觉上的层次感。

图7-28：这款抱枕采用高品质的棉麻面料，质地柔软，透气性良好，咖啡色和烫金红的浓烈色彩交织在一起，犹如一幅色彩斑斓的画卷，将东南亚的异域风情与时尚设计完美融合。拿起这款抱枕，仿佛置身于一个充满神秘色彩和独特纹理的异域世界，身心得到极大的放松。

5. 纱幔

纱幔在东南亚风格的家居中扮演着至关重要的角色。它们以妩媚而飘逸的姿态，为整个空间增添了一份独特的魅力。在东南亚风格的家居中，可以随意摆放一条色彩艳丽的绸缎纱幔在茶几上，为整个客厅增添一份异域风情（图7-29）。

6. 饰品

东南亚风格的饰品设计独特，其形态与图案多与宗教和神话有着深厚的渊源。芭蕉叶、大象、菩提树、佛手等元素构成了这些饰品的基本图案。东南亚风格的饰品制作工艺也颇具特色，无论是精雕细琢的金属饰品，还是栩栩如生的木雕饰品，都充分展现了匠人们高超的技艺和无尽的创意（图7-30）。

图7-29 床架上丝质的纱幔

图7-29：东南亚风格床品纱幔在设计上注重手感舒适，例如在纱幔的边缘和角落处，采用柔和的卷边。这些设计增加了触感的舒适度，同时也增加了床品纱幔的时尚感。

图7-30 各类饰品

图7-30：选择质地优良、造型独特的东南亚装饰品，可以有效提升整个空间的品质。

7.4 欧式风格

7.4.1 设计手法

欧式风格具有端庄典雅、华丽高贵、金碧辉煌的独特气质，蕴含了欧洲各国深厚的传统文化底蕴。欧式风格依据地域文化的差异，可以划分为北欧、简欧和新古典三大类别。

在形式上，欧式风格以浪漫主义为基调，运用大理石、多彩的织物、精美的地毯、精致的法国壁挂等装饰材料，营造出一种豪华、富丽、充满强烈动感的视觉效果。提及欧式风格，人们总会联想到豪华、大气、奢侈等词汇，其显著特点是融入了罗马柱、壁炉、拱形或尖的拱顶、顶部灯盘或壁画等具有欧洲传统的元素（图7-31）。

欧式风格在别墅、会所和酒店等工程项目中得到了广泛应用。这类项目通过欧式风格，展现出一种高贵、奢华、大气的格调，使人沉浸其中，流连忘返。

7.4.2 常用元素

欧式设计的顶部照明装置常常采用精致华丽的藻井（图7-32）、拱顶、尖肋拱顶以及穹顶（图7-33）。需要注意的是，与中式风格中的藻井设计相比，欧式藻井吊顶的阴角线更为丰富多样。

在墙面装饰方面，欧式风格注重线条的运用和护墙板的设置。然而，考虑到现代室内设计中的经济成本因素，墙纸已成为更常见的选择。带有复古图案的墙纸在欧式风格中具有不可替代的地位（图7-34）。

图7-31 欧式风格

图7-31：欧式室内设计以装饰华丽为特点，细节和雕刻有时显得过于烦琐。这种装饰华丽的效果使得室内空间充满生气，让人眼花缭乱。

图7-32 藻井

图7-32：藻井的形状和图案繁多，有圆形、方形等，具有很高的装饰性，还体现了当时欧洲社会的审美观念。藻井以其精湛的雕刻技巧和富有创意的设计，吸引了无数人的目光。

图7-33 穹顶

图7-33：穹顶通常会融入各种艺术元素，如雕刻、花纹等。这些元素不仅体现在穹顶的装饰上，还体现在墙面、家具和装饰品上。这些丰富的艺术元素为室内空间增添了无限的美感。

图7-34 复古纹样的墙纸

图7-34：黄色系的花纹墙纸在卧室的布置上，不仅起到了点缀的作用，更是为整个空间增添了一份温馨的氛围。它使原本简单的卧室墙壁变得生动起来，给人一种视觉享受。当阳光洒在卧室的墙壁上，那些美丽的花纹仿佛在跳跃，让人陶醉其中。

地面设计方面，欧式风格常采用波打线和拼花来增加空间的美感和丰富度，实木地板拼花也是一种常见的手法（图7-35）。在拼接材料方面，欧式风格倾向于使用几何形小尺寸的块料。至于木材，胡桃木、樱桃木以及榉木是欧式风格中最为常见的原材料。在石材方面，爵士白、深啡网、浅啡网、西班牙米黄等都是欧式风格中经常使用的材料。

欧式风格在装饰细节方面独具特色。它以人物、风景等油画为主题，再以石膏、古铜、大理石等精雕细琢的雕塑为辅助。那些历史的痕迹，仿古钟的沉寂，精致的台灯，都如同明珠般熠熠生辉，将空间的质感与主人的品位完美地融合在一起。这些独特的元素，共同突显出欧式家居的雍容大气，使得整个空间都显得无比优雅（图7-36）。

图7-35　地面拼花

图7-35：欧式地面瓷砖拼花设计通常会使用多种颜色，如金色、咖啡色等，这些色彩相互碰撞，为居室增添了丰富的视觉元素。

图7-36　油画装饰

图7-36：油画装饰是欧式室内空间中不可或缺的一部分。在家具摆设和墙面等重要位置，油画作品能够有效地提升整个空间的气质。油画的题材丰富多样，可以是人物、风景或者静物写生等。

7.5　日式风格

7.5.1　设计手法

日式风格又被称作和式风格，以其简洁、淡雅的特点，尤其适合于空间有限的居室。日式风格以其简洁的线条，给人带来一种优雅而清新的感觉，同时，它的几何立体感极强。它尤其善于借用外在的自然景色，将室内设计与大自然完美地融合在一起，为设计注入了无限的生命力（图7-37）。

7.5.2 常用元素

在空间布局上巧妙地运用流动与分隔，营造出既可以容纳多样化功能，又可供独立思考的宁静空间（图7-38）。在材质选择上，它深入挖掘了日式风格的本质，大量采用源于自然的素材进行装修和装饰，拒绝浮华与奢侈，以简约清新、幽深禅意为审美标准，强调实用性与美学并重（图7-39）。

图7-37 日式风格

图7-37：日式风格强调自然与和谐，将自然的元素融入室内，与生活相融。运用自然材料，打造舒适、温馨的生活空间。在色彩上，以大地纯色为基底，再辅以跳跃明亮的色彩，使空间更具生气。

图7-38 淡雅的家居装饰

图7-38：日式室内设计的基础色为大地纯色，如白色、米色等。这些颜色可以让空间更加宽敞、明亮，为室内设计提供一个舒适的基础。

图7-39 静谧的氛围

图7-39：日式风格给人一种与自然相融合的静谧感，打造清新自然的低调生活。

7.6 田园风格

7.6.1 设计手法

田园风格源于20世纪中期，是一种广泛存在于欧洲农业社会、有着数百年历史的乡村家居风格，同时也涵盖了美洲殖民时期各类乡村农舍的风格（图7-40）。

7.6.2 常用元素

1. 家具

在打造田园风格的家居空间时，布艺沙发的选择至关重要。为了营造出浓郁的乡村氛围，可以考虑选用小碎花、小方格等图案，这些设计不仅富有生活气息，还能展现出大自然的生机勃勃。色彩方面，以粉嫩、清新为主调，让人一眼望去就能感受到田园生活的舒适与宁静（图7-41）。

2. 窗帘

各种风格的田园风格窗帘，无论是美式田园、英式田园、韩式田园、法式田园还是中式田园，都拥有自然色调和图案构成的窗帘主体，同时款式以简约为核心（图7-42）。

3. 桌布

亚麻材质的布艺是彰显田园风格的重要元素。在桌面铺设一款精致的亚麻桌布，再搭配一些小盆栽，立刻就能散发出浓郁的乡村自然风情。亚麻桌布不仅能够为餐厅或客厅增添温馨舒适的氛围，还能够很好地保护桌面，避免划痕和磨损。亚麻材质的布艺还具有吸湿透气、易于清洗和保养的特点（图7-43）。

4. 床品

田园风格的床品多以天然材质的面料为主，在图案与色彩上多选用自然元素和色调，款式上则主打简约主义，尽量避免过多的装饰，旨在营造一种贴近自然的舒适氛围（图7-44）。

5. 花艺

在打造充满田园风情的家居环境时，选择合适的植物至关重要。满天星、薰衣草和玫瑰等植物不仅具有优美的形态，还能散发出令人陶醉的香气。当您步入这个空间时，仿佛能闻到一丝乡愁，感受到大自然的气息。为了进一步强调这种氛围，可以在室内摆放一些透明玻璃瓶或古朴的陶罐。将干燥的花瓣和香料插入其中，为整个空间增色添彩（图7-45）。

图7-40 田园风格

图7-40：小庭院的田园风格追求的是一种自然、舒适的氛围。铁艺楼梯与木质台阶交相辉映，姜黄色的墙壁与颜色淡雅的躺椅相得益彰。墙角的植物与墙面摇曳的花朵，为这个空间增添了一抹生机与活力。

图7-41 碎花沙发

图7-41：田园风格的设计灵感来源于自然环境，而碎花沙发的设计也带有自然的元素。碎花的布置和材质，都能够营造出舒适、自然的感觉。坐在这样的沙发上，人会感觉身心放松，仿佛置身于自然环境中。

第7章
软装陈设风格设计

（a）美式田园窗帘　　　　　　　（b）英式田园窗帘

图7-42　窗帘

图7-42（b）：英式田园窗帘多采用纯棉、亚麻等天然纤维，色彩鲜艳，手感柔软。这种材质给人一种温馨、舒适的感觉，符合英式田园的温馨氛围。

图7-42（a）：美式田园窗帘的颜色以浅色、淡色为主，如米色、淡粉色等。这些颜色可以让人感受到轻松、愉快的氛围，有助于舒缓身心，为生活增添一份美好。

图7-43　亚麻材质的桌布　　　　图7-44　简约的床品

图7-43：桌布为亚麻材质，颜色白粉相间，花艺陈设在桌布上，美观鲜艳，为餐桌增添时尚感，同时提供舒适的支撑。

图7-44：床品设计往往注重细节的打造，简约的床品设计，则更注重整体的美感。在卧室中，一套简约的床品，可以让我们感受到一种简单、大方、时尚的生活品质。

图7-45　花艺

图7-45：田园风格花艺可选择颜色鲜艳的花卉，使花卉与生活、环境的和谐共存。通过各种花卉的搭配，打造出一个温馨、舒适的居住空间。

6. 餐具

田园风格的餐具倾向于采用花卉、格子等图案,也有纯色的款式,但它们通常会在工艺上镶有花边或凹凸纹样,增加一些质感和细节。其中,骨瓷因为质地细腻光洁而备受推崇。它不仅看起来非常高档,手感也非常舒适(图7-46)。

图7-46:一款精致的玫瑰花图案餐具,让人仿佛置身于一个浪漫的花园之中。在餐具上,一朵朵精美的玫瑰花被绘制,让人陶醉其中。这款餐具不仅具有实用性,还让人们在用餐时感受到一种美好的心情。

图7-46 花卉图案餐具

7.7 新古典主义风格

7.7.1 设计手法

新古典主义风格巧妙地融合了古典风格的深厚文化底蕴、历史美感以及艺术气息。传统木质材质的运用是其一大特色,各种细节以金粉精心描绘,色彩艳丽而大方。设计师注重线条的搭配以及线条之间的比例关系,让人强烈地感受到传统文化底蕴的深厚。然而,新古典主义并未完全沿袭过往古典主义的复杂肌理和装饰,使其更为细致入微,生动形象(图7-47)。

7.7.2 常用元素

1. 家具

新古典主义风格家具,是一种对古典家具进行改良与创新的产物。它巧妙地摒弃了古典家具过于繁复的装饰,以简约的线条和现代的设计理念赋予家具新的生命。新古典主义家具在保留古典家具曲线与曲面的基础上,减少了烦琐的雕花,代之以现代家具的直线条,营造出简约而不简单的家居氛围。

图7-47 新古典主义风格

图7-47:新古典主义风格常用材料包括浮雕线板与饰板、水晶灯、彩色镜面与明镜、古典墙纸、层次造型天花、罗马柱等。墙面上减掉了复杂的欧式护墙板,使用石膏线勾勒出线框,把护墙板的形式简化到极致。地面经常采用石材拼花,用石材天然的纹理和自然的色彩来修饰人工的痕迹,使奢华和品位的气质毫无保留地流淌。

新古典主义家具类型繁多，主要包括实木雕花、亮光烤漆、贴金箔或银箔、绒布面料等。实木雕花家具，精选优质木材，经匠人精心雕琢，展现出自然之美。亮光烤漆家具，采用现代工艺技术，将亮丽的色彩与光滑的质感完美结合，彰显时尚气息。贴金箔或银箔家具，以独特的金属光泽，为室内空间增添一份华贵与典雅（图7-48）。

2. 灯具

照明设计不仅是为了满足基本的生活需求，更是为了创造美丽和独特的空间氛围。在选择灯具时，华丽、璀璨的材质常常成为首选，如水晶、亮铜（图7-49）等，这些材料的光泽和质感能够为房间带来无与伦比的奢华感。

3. 布艺

色泽温润、质地细腻、触感柔和的纯麻、精棉、真丝、绒布等自然高贵材质，皆为新古典主义风格之选。窗帘可挑选香槟银、浅咖啡等色调，以绒布面料为主导，同时在款式上力求双重设计，增添雅致韵味（图7-50）。

图7-48 实木雕花家具

图7-49 亮铜吊灯

图7-48：实木雕花家具是一种非常精致的家具，它不仅具有美丽的外观，还具有独特的雕刻和设计。这种家具通常由木材制成，因此具有天然的美感和质感。

图7-49：亮铜吊灯，作为一种装饰艺术品，具有独特的造型和色泽，在新古典主义设计空间内显得格外抢眼。其古铜色的金属材质，不仅透露出厚重的历史感，还蕴含着神秘的魅力。每一片铜板都仿佛是一件艺术品，它们被精细地打磨，展现出无与伦比的光泽。铜制灯具上的精美雕刻，更是为整个空间增添了一份优雅与宁静。

（a）绒布窗帘

（b）绒布床品

图7-50 布艺

图7-50（b）：绒布床品色彩丰富，具有很强的时尚感。在为新古典主义设计空间选择床品时，可以考虑一些色彩搭配，如深蓝色、白色等，这些色彩都能很好地融入新古典主义的设计风格。

图7-50（a）：为了增加空间的古典气息，绒布窗帘可以搭配一些古典主义的墙面装饰，如雕刻、雕塑等，以增加艺术氛围。

4. 绿植

新古典主义家居风格极度重视室内绿化，盛开的鲜花簇拥的花篮、精巧绝伦的盆景、蜿蜒曲折的藤蔓，这些元素都能极大地提升空间的亲和力（图7-51）。

5. 饰品

洋溢着典雅韵味的油画挂于墙上，古色古香的金属色调画框，使得画作更加高贵脱俗，仿佛能透过画框看到那个时代的风华。此外，各种银质装饰品如同历史的见证者，为新古典主义的怀旧情怀增色不少，让人不禁陷入对往日的无尽遐想（图7-52）。

图7-51 盛开的花篮

图7-52 银质装饰品

图7-51：在新古典主义设计空间内，花艺的颜色选择需要注重平衡和统一。可以选择一些柔和的色彩，如米黄色、粉色、绿色等，这些颜色与新古典风格的家具和墙面相得益彰，可以提升整个空间的氛围。

图7-52：银质装饰品可以为空间增添一份高雅和奢华。例如，在客厅中，一个精致的天鹅形态的装饰品可以作为装饰焦点，为整个空间增添一份浪漫和格调。

7.8 现代简约风格

7.8.1 设计手法

简约主义源自20世纪80年代中期，是对复古风潮的一种反叛和极简美学的进一步发展。在20世纪90年代初，这一理念逐步渗透到室内设计领域，形成了一种名为现代简约风格的设计理念。现代简约风格以简洁明了的表现手法，旨在满足人们对空间环境的感性需求、本能向往和理性期待（图7-53）。

7.8.2 常用元素

1. 家具

现代简约风格的家具，崇尚简洁明快的线条美学（图7-54）。这些家具的沙发、床、桌子等，都偏好直线设计，尽量避免过多曲线，彰显出简洁大方的气质。它们造型简约，强调实用功能，同时蕴含着丰富的设计理念和哲学思考，却并不夸张（图7-55）。

2. 布艺

现代简约风格的室内设计，往往追求简约、明快的视觉效果。因此，在选择布艺时，应避免选用纹理复杂或颜色过于深沉的款式。相反，那些颜色清淡、图案简洁且大方得体的布艺，更能符合现代简约风格的要求。这样的布艺不仅能让空间显得更加宽敞明亮，还能突显出独特的线条美感（图7-56）。

图7-53 现代简约风格

图7-53：现代简约风格强调少即是多，舍弃不必要的装饰元素，将设计的元素、色彩、照明、原材料简化到最少的程度，追求时尚和现代的简洁造型、愉悦色彩。

图7-54 线条简洁流畅的椅子

图7-54：这款椅子以其独特的线条和设计，成为现代简约风格空间的焦点。椅子的线条流畅且富有动感。

图7-55 富有设计感的桌椅

图7-55：这款桌椅的设计简约大方，线条流畅，现代感十足，无论是用于商业场所还是家庭，都能展现出一种时尚与高雅。

图7-56 浅色窗帘与布艺

图7-56：床品上的浅灰色给人一种沉静的感觉，与纯白色的窗帘相得益彰，让人产生一种安宁感。这种搭配不仅简约大方，而且透露着一股雅致的生活气息，让人流连忘返。

3. 灯具

金属作为工业化社会的标志性产物，以其独特的质感和线条，成为展现现代简约风格的最有力工具。在各种不同造型的金属灯具中，我们不难发现现代简约风格的代表性元素（图7-57）。

4. 装饰画

现代简约风格的空间装饰中，选择抽象图案或几何图案的挂画，特别是三联画的形式，更能展现独特的审美品位。在挑选装饰画时，其颜色最好与空间主体的色调保持一致或相近，避免过于复杂的色彩搭配。此外，也可以依据喜好，选择黑白灰系列的线条流畅、富有空间感的平面画，为居室增色添彩（图7-58）。

5. 花艺

现代简约风格的花艺设计以单一色系为主，高明度和高彩度的运用更是为作品增色不少。但值得注意的是，色彩的选用不应过于夸张，以免破坏整个空间的和谐氛围。此时，银、白、灰等中性色调便成为最佳选择，它们既能很好地衬托出花艺作品的独特魅力，又能与其他家具和装饰元素相得

（a）金属灯

（b）造型独特的台灯

图7-57 灯具

图7-57（a）：金属灯以其独特的造型，与深色沙发、灰色墙面、米黄色的地毯进行搭配，为室内空间增添时尚感。

图7-57（b）：在以黑白灰为主色调的卧室空间，在床头柜上方放置一盏斑马纹饰的台灯，与室内风格相一致。

图7-58 具有空间感的平面画

图7-58：黑白两种色彩的简单搭配，使得画面极具简约感。能够通过线条、光影、空间等手法，将生活中的建筑、人物生动地表现出来。

益彰（图7-59）。

6. 饰品

饰品数量应当适度，避免过多。在选择摆件饰品时，多倾向于以金属、玻璃或瓷器为主材料的现代风格工艺品。这样的装饰风格不仅能够彰显出现代空间的简洁与时尚，还能够营造出一种独特的空间氛围（图7-60）。

各种软装设计风格的特点进行汇总，见表7-1。

（a）线条简约的花艺

（b）线条简单的花器

图7-59　花艺

图7-59（a）：线条简约的花艺注重花艺作品的线条表现，通过对花材的摆放、剪枝、绑扎等手法，让花材在视觉上呈现出简约、流畅的线条感。

图7-59（b）：线条简约的花器，往往能给人一种简约、清雅的美感。花器的轮廓和花纹往往干净利落，不拖泥带水。这样的花器，既可以装点室内环境，又可以彰显主人的审美品位。

（a）金属摆件

（b）玻璃饰品

图7-60　饰品

图7-60（b）：玻璃饰品不仅具备美丽的外观，还通常具备实用的功能。例如，赋予玻璃鲜艳的色彩，将其做成花瓶的形状，用作休闲椅子，为现代简约的室内空间增添新的活力。

图7-60（a）：金属材质包括不锈钢、铜、黄铜、铝合金等。由于其坚固耐用的特性，金属摆件通常可以承受较大的重量和外力。金属摆件可以呈现弯曲的线条或有机形状，在现代环境中脱颖而出，成为时尚和独特的标志。

表7-1　　　　　　　　　　　　　　　软装设计风格一览表

序号	风格	特点	家具	布艺	花艺	配色	饰品	灯具
1	新中式风格	具有中国文化韵味,讲究纲常,讲究对称	明清家具与现代家具结合	花鸟、窗格图案等	梅、兰、菊、茶花等	以深色为主的黑、白、灰	青花瓷、陶艺、中式窗花、字画、根雕等	中式宫灯等
2	地中海风格	极具亲和力的田园风情,自由奔放、色彩多样明亮	锻打铁艺家具,擦漆做旧	以低彩度色调和棉织品为主,素雅的小细花、条纹格子图案	爬藤类植物、小巧可爱的绿色盆栽	蓝与白、土黄与红褐、黄、蓝紫和绿	帆船模型、救生圈、水手结、贝壳工艺品、钟表、相框等	灯具擦漆做旧处理,美人鱼造型等
3	东南亚风格	富有禅意,浓郁的民族特色	取材自然,以纯天然的藤竹柚木为材质	色彩艳丽,多为深色系纱幔	大型的棕榈树及攀藤植物,生意盎然	采用原始材料的色彩搭配	芭蕉叶、神、佛等金属或木雕的饰品	铜制的莲蓬灯、铜片吊灯、动物造型的台灯等
4	欧式风格	端庄典雅、华丽高贵、金碧辉煌	宽大,厚重,有质感	丝质面料,紫色系或厚重的深色	玫瑰、郁金香,花枝较大,色彩艳丽	以白色和淡色系为主	油画、雕塑工艺品	大型灯池、水晶吊灯、枝形吊灯、烛台吊灯等
5	日式风格	讲究空间的流动与分隔,追求淡雅节制、深邃禅意	家具低矮且不多,原木色家具,榻榻米	天然朴实的材料,浅色	结构简单,用色少,以绿植点缀	色彩多偏重于原木色,注重素雅	日式人偶、持刀武士、传统仕女画、扇形画等	日式纸灯,球形或柱形灯罩
6	田园风格	朴实,亲切,实在,贴近自然,向往自然	多以白色为主,木制的较多	棉、麻布艺制品,碎花图案	小盆绿植,满天星、薰衣草等	绿色与白色,粉色与米色	复古花瓶、铁艺饰品	烛台吊灯、水晶吊灯、羊皮吊灯等
7	新古典主义风格	古典风格的文化底蕴、历史美感及艺术气息	实木雕花、亮光烤漆、贴金箔或银箔、绒布面料等	色调淡雅、质感舒适的纯麻、精棉、绒布、真丝等天然或华贵面料	盛开的花篮、精致的盆景、匍匐的藤蔓	白与金,米黄与暗红	油画,画框、烛台、水晶制品,陶瓷的餐具,老式的挂钟、电话和古董等	华丽、璀璨的材质为主,如水晶、亮铜等
8	现代简约风格	少即是多,舍弃不必要的装饰元素	线条简单,造型简洁,强调功能,富含设计或哲学意味	浅色并且具有简单大方的图形和线条	线条简约,装饰柔美	以黑白灰色为主,可适当采用亮色进行点缀	金属、玻璃或者瓷器材质为主的现代风格工艺品	不同造型的金属灯

本章小结

在当今社会，人们对于住宅空间，在追求舒适、美观、实用的同时，也需要一个整体布局合理、美观的居住环境。因此，如何统筹家居的整体布局以及引领设计的核心走向，已经成为许多人所关注的问题。首先，确定一个室内风格是非常关键的。如今备受欢迎的主要软装风格包括：新中式、地中海、东南亚、田园、新古典主义、现代简约、欧式、日式等风格。每种风格都有其特点和表现形式，设计师需要根据业主的需求和喜好，选择合适的风格，从而使得整个家居空间更加协调统一。

课后练习

1. 新中式风格与中式风格有哪些区别？
2. 日式风格的设计要素有哪些？
3. 地中海风格的主要特征是什么？
4. 课后查阅相关知识，简述美式风格、欧式风格、英式风格三者的区别。
5. 查阅相关图片及案例，思考东南亚风格的家具有哪些特征。
6. 结合案例分析简述现代简约风格兴起的原因。作业数量：1份。将分析内容及所查找相关案例整合成word文档，之后进行介绍与分享。建议完成课时：5课时。
7. "如果要看前途，一定要看历史"，毛泽东重视经验总结的工作方法，是我们党宝贵的精神财富。作为陈设设计师，也需要善于总结，可尝试收集多种陈设风格并总结其特点，绘制图文表格。

第8章
软装陈设设计案例

识读难度：★☆☆☆☆
重点概念：商业空间、家居空间、休闲娱乐空间

◀ 章节导读

软装设计是一门艺术，它涉及整体环境、空间美学、陈设艺术、生活功能、材质风格、意境体验、个性偏好，以及现代环境设计理念等多种复杂元素。软装的范畴广泛，无论是家庭住宅还是商业空间，如酒店、会所、餐厅、酒吧、办公空间等，都需要软装陈设来提升环境的舒适度和美观度。通过巧妙地结合这些元素，软装设计师可以创造出独一无二的体验，让人们在享受空间舒适便利的同时，也能感受到艺术的魅力（图8-1）。

图8-1 客厅壁炉软装配置

图8-1：客厅壁炉的软装材质应选择木纹、竹纹或大理石等天然材质，不仅能增加壁炉的美观，还能提高整个家居空间的舒适度。颜色搭配应与客厅的墙面颜色相近，保持整体美观。可以根据个人的喜好和客厅的装修风格选择合适的颜色。

8.1 家居空间

在设计东南亚风格家居时，设计师不仅要注重审美，更要兼顾其实用性。空间中的家具、饰品等各类室内用品，都需满足使用功能、安全性能以

及审美需求。这些用品的大小尺寸、色彩搭配、摆放位置，以及与整个家居空间的关联比例、协调程度等，都需要在装修施工前进行深思熟虑和精细调整（图8-2～图8-8）。

图8-2 书房

图8-3 卧室

图8-2：东南亚风格的书房不仅是一个阅读的场所，更是一个品味生活、品味艺术的天地。这里还收藏了各种艺术品，如雕塑、画作和装饰品等。这些艺术品不仅反映了东南亚地区的独特审美，更见证了这个地区的历史变迁。

图8-3：东南亚风格家居空间卧室采用很简单的装修，一顶红色的吊灯作为点缀，使得卧室简单却不单调。家具具有浓厚的古朴气息，床品的花纹与抱枕搭配融洽，营造了温馨舒适的氛围。

图8-4 客厅

图8-5 玄关

图8-6 门厅

图8-4：客厅的装饰以绿色和紫红色为主，抱枕和桌布色彩极为丰富，并与窗帘相呼应。增加绿植和木质椅子的搭配，让空间富有层次感，呈现了鲜活而静谧的东南亚印象。

图8-5：踏入这个空间，就被植物的活力所感染。整个空间都充满了宁静与祥和的氛围，装饰画与植物的布置，使这里成为一个极具魅力的玄关，让人流连忘返。

图8-6：收纳柜由天然木材所制，瓷瓶与绿植的搭配非常和谐，突显了东南亚风格崇尚自然的特色。

图8-7 厨房

图8-8 卫生间

图8-7：厨房的设计极为简单，利用极具自然特性的绿色瓷砖装饰墙面，橱柜选择实木材料，配合金黄色的玻璃门，为厨房增添趣味。

图8-8：墙面的绿色瓷砖与实木的浴盆，以及墙角的绿植，使得卫生间充满了自然的味道。若是配以布艺窗帘则会显得不融洽，而黑色百叶窗的配合，保留了卫生间的原有氛围。

8.2 办公空间

办公空间优化是指对办公环境进行全面规划与精雕细琢。办公空间软装旨在对办公环境进行细致入微的调整与改进，打造一个既符合行业特性，又能满足员工需求，同时兼具美观与实用的工作环境。设计师在规划过程中需关注各类细节，包括色彩搭配、家具选用、照明设计以及装饰元素等，以实现空间与功能的完美融合。

在会议室的软装设计中，设计师通常会采用简洁明快的色调和舒适实用的家具，以营造有助于集中精力、激发创意的会议氛围。同时，还会配置现代化的会议设备，以满足各种会议需求。

经理室的设计则需注重彰显企业文化与领导者的气质。设计师通常会选择稳重的色调和品质优良的家具，以打造一个既严肃又舒适的办公环境。此外，还会考虑设置一定的私密空间，以保护领导者的隐私。

前台区域是公司形象的重要组成部分，其软装设计需充分展示企业的品牌形象和文化内涵。设计师通常会采用大气且具有创意的设计手法，结合企业特色，打造一个令人印象深刻的前台空间。

团队办公空间的设计则需注重人性化和功能性。设计师会根据员工数量、工作性质和团队特点，合理规划空间布局与家具配置，以创造一个舒适、便捷、高效的办公环境。同时，还会注重绿色植物的运用，以改善空气质量，缓解员工的工作压力（图8-9～图8-14）。

第 8 章
软装陈设设计案例

图8-9　前台接待区

图8-9：接待区设置的数量、规格要根据企业公共关系活动的实际情况而定。接待区要提倡公用，以提高利用率。接待区的布置要干净、美观、大方，可摆放一些企业标志物和绿色植物及鲜花，以展现企业形象和烘托工作气氛。

图8-10　会议室

图8-10：会议室一般是供开会用的空间场地，同时又是放置会议电话设备的场所，因此会议室的设计合理性会决定会议电视图像的观看效果，也直接影响了开会的效率。

图8-11　经理办公室

图8-11：在办公室软装设计中经理办公室设计是相当重要的，一个好的经理室软装能充分地反映企业的整体实力，同时也能反映企业的发展与经营情况。

图8-12　茶水间

图8-12：茶水间是装修的一部分，它是属于让员工感到轻松自在的空间。在设计时候就要显得轻松自在，并且空间的设计显得随意。椅子的选择注重简单大方，一改办公椅样貌，椅子的靠背较低，突显舒适。墙的装饰和地面的铺设活泼大方，突出放松身心的主题。

图8-13 分组的办公桌摆放形式

图8-14 植物的布置

图8-13：现在许多企业办公室装修采用矮隔断式的家具，将数件办公桌以隔断方式相连，形成一个小组，将这些小组以直排或斜排的方式进行巧妙组合，使设计在变化中达到合理的要求。

图8-14：植物可以带来自然的气息，增加生机和活力。在办公室软装设计中可以在自己座位附近摆设一些或大或小的与周围环境搭配的植物，带来好心情和祥和气氛。

8.3 休闲娱乐空间

酒店软装设计通过对空间、色彩、材质、光线等因素的巧妙运用，营造出一种独特的氛围，让客人流连忘返。优秀的酒店软装设计不仅可以提升酒店的品牌形象，还能创造出一种独特的品牌体验，让客人一旦入住，便会念念不忘，再次光顾。

在酒店软装设计中，细节决定成败，每一个细节都应体现出酒店的独特品位和个性，让客人在入住的每一个瞬间都能感受到酒店的用心。酒店软装设计还应充分考虑客人的需求和喜好。通过对客人的行为模式和心理需求的深入研究，酒店软装设计可以更好地满足客人的期待，为他们提供超出预期的入住体验。无论是商务客人、休闲客人，还是家庭客人，酒店软装设计都应满足他们的不同需求，让他们在酒店找到家的感觉（图8-15~图8-18）。

图8-15 酒店大堂

图8-15：该酒店大堂软装与硬装完美结合，宽阔的空间与大理石地板营造了大气奢华的氛围，穹顶的设计增添了欧式典雅复古韵味。华丽的吊灯与精致的地毯使得奢华的氛围更有层次感。

图8-16 酒店餐厅

图8-16：酒店的餐厅很好地反映了东南亚地区的特色，颜色鲜艳的地毯，木质的桌椅，都体现了东南亚风格特色，让人在用餐时也感叹异国文化的魅力。

图8-17 酒店会议室

图8-17：适宜商业人士的会议室，设计也别出心裁。窗外的绿植以及桌面的鲜花为会议室的严肃氛围释放压力。造型别致的吊灯，配以深红色调的墙面装饰，严整中营造了静谧舒适的氛围。

图8-18 酒店休闲区

图8-18：整体灯光采用暖色调，很符合酒店休闲空间功能的特征。蜡烛与鲜花，独具浪漫的泳池引人注目。家具线条流畅，墙面自然纹饰，夸张却不过度。

8.4 商业空间

这家店的店面设计宛如一个尚未拆封的礼物盒，诱人的外观吸引着无数顾客前来探索。店内采用精致的软装设计，旨在为顾客提供全方位的视觉和情感满足，让他们沉浸在购物的愉快氛围中，尽情挑选心仪的商品。无论是色彩搭配还是布局摆设，都经过精心策划和设计，让顾客在购物的同时享受一场视觉盛宴。店内的每个角落都充满着独特的艺术气息和时尚感，让人流连忘返（图8-19~图8-21）。

图8-19 服装店内

图8-19：服装店设计较为简洁，橙色与绿色的结合使得整个服装店充满了活力，而这两种颜色也能很好地激发消费者的购买欲望。沙发的设计也彰显了日本家具的简洁风格。

图8-20 鞋品区

图8-20：鞋品区将每一件商品都当作艺术品设置了展览台，橙色的展览台以一定的规律排布，鞋类商品也依次排开，不会显得杂乱，简洁而不失设计感。

图8-21 服装区

图8-21：服装区的服装少而精致，看似毫无规则，实则与店面设计完美地融合在一起。金色的墙面设计与暖色灯光相辉映，使服装具有高级感和质感。

本章小结

软装陈设作为室内设计的重要组成部分，对于空间的美观、舒适以及使用效果起着至关重要的作用。从住宅空间到商业空间，各种类型的空间都需要进行软装陈设。通过了解不同空间软装设计的方式，我们可以发现，无论身处何种环境，人们对于生活品质的追求始终是无法改变的。因此，在设计软装陈设时，我们需要根据空间的特点，运用合适的软装元素，为空间打造一个独特的氛围。

课后练习

1. 住宅空间软装设计有哪些要点?
2. 简述商业空间软装设计的要点。
3. 选取生活中的一处空间,对其软装设计做简单的赏析。
4. 如果让你对一间咖啡厅做软装设计,你认为有哪些设计重点?
5. 在生活中,还有哪些空间涉及软装设计?
6. 可尝试对自己家进行软装设计,如自己的卧室、客厅等,并绘制平面图及效果图。作业数量:1份。将作品图片排版入420mm×594mm的KT板中。建议完成课时:2课时。
7. 新时代10年,在习近平生态文明思想引领下,污染防治攻坚向纵深推进,绿色、循环、低碳发展迈出坚实步伐。在当前倡导绿色环保理念的社会价值观推动下,越来越多的室内软装设计呈现出回归自然的设计创意风格。请以"自然化"为设计主题,选择一室内空间进行软装设计。

参考文献 REFERENCES

［1］帕特·格思里. 室内设计师便携手册（原著第二版）［M］. 蔡红，译. 北京：中国建筑工业出版社，2008.

［2］约翰·派尔. 世界室内设计史［M］. 刘先觉，陈宇琳，等译. 北京：中国建筑工业出版社，2007.

［3］许秀平. 室内软装设计项目教程：居住与公共空间风格［M］. 北京：人民邮电出版社，2016.

［4］吴卫光，乔国玲. 室内软装设计［M］. 上海：上海人民美术出版社，2017.

［5］招霞. 软装设计配色手册［M］. 江苏：江苏科学技术出版社，2015.

［6］叶斌. 新家居装修与软装设计［M］. 福建：福建科技出版社，2017.

［7］曹祥哲. 室内陈设设计［M］. 北京：人民邮电出版社，2015.

［8］文健. 室内色彩、家具与陈设设计［M］. 2版. 北京：清华大学出版社，2010.

［9］常大伟. 陈设设计［M］. 北京：中国青年出版社，2011.

［10］简名敏. 软装设计师手册［M］. 江苏：江苏人民出版社，2011.

［11］霍维国. 中国室内设计史［M］. 北京：中国建筑工业出版社，2007.

［12］李建. 概念与空间：现代室内设计范例解析［M］. 北京：中国建筑工业出版社，2004.

［13］郑曙旸. 室内设计程序［M］. 北京：中国建筑工业出版社，2011.

［14］潘吾华. 室内陈设艺术设计［M］. 北京：中国建筑工业出版社，2013.

［15］庄荣，吴叶红. 家具与陈设［M］. 2版. 北京：中国建筑工业出版社，2004.

［16］严建中. 软装设计教程［M］. 江苏：江苏人民出版社，2013.